図説 戦争と軍服の歴史

辻元よしふみ＝著
辻元玲子＝イラスト

河出書房新社

はじめに

最初に、軍服も服装なのだから、「ファッションである」という事実を知っていただきたいと思う。国家の威信をかけた軍服といえども、ファッションの一分野でもあるのだ。従って、当然ながら時代の流行というものがある。さらに、「流行色」もある。もちろん、一般のアパレルのように、シーズンごとに新しいモードが打ち出されるわけではない。しかし、数十年単位で「軍服のモード」が更新されているのである。

では、どういう要素がその時代の軍服の主流になるかといえば、「その時代の最も強い軍隊」の軍装が、他国に影響を与える。また、同盟関係にある国同士でも影響し合うのが一般的だ。だから非常に政治的であり、国際関係を反映するものでもある。

本書では、それらについて、歴史上の変遷を基にご紹介したいと思う。

世界の軍服を研究する、ということは、何でも研究対象にする、ということだ。アメリカ軍もソ連軍も、ナチス・ドイツ軍も旧日本軍も、中国人民解放軍も、朝鮮人民軍も研究対象であり、イデオロギーは全く関係ない。もっと古い時代のもの、古代のシュメールや古代ギリシャ、古代ローマの兵士たち、アステカ王国やインカ帝国の戦士たち、あるいは日本の武士の甲冑や刀剣。これらも研究対象となる。

私たちが扱っているジャンルは、日本の大学や研究機関ではあまり普及していない用語と思われるが、ユニフォーモロジーUniformologyという。「制服学」「軍装史学」といった意味だ。歴史学の一分野で、歴史補助学Auxiliary sciences of historyに分類され、①制服、②勲章、③個人装備品の研究を含む。①制服とは、礼装、常装、戦闘服、作業服、特殊被服（飛行服など）と多岐にわたり、この中に制帽、略帽、靴、階級章も含む。②勲章は、胸に飾るデコレーションdecoration全般を指し、さらに分類すればorder勲章、medal記章、badge徽章などを指す。③装備品には、ベルト、弾帯、弾盒、背嚢、小銃、銃剣、刀剣など個人装備を含む。一方、火砲や戦車、艦艇といった重装備は、直接的には扱わない。

諸外国では一般大学の歴史学科のほか、芸術系大学（ファッション、アート）、軍事大学

（いわゆる国防大学や士官学校）および付属の研究機関などで研究され、専門書籍も膨大に存在する。欧米では、大人の趣味としてヒストリカル・フィギュア作り、つまり歴史を考証して精密な人形や模型を制作することが盛んだ。ナポレオニック研究（ナポレオン戦争時代の戦史や軍装などの研究）も人気が高い。時代衣装を着装したリエナクトメント（歴史再現）を愛好する人たち、リエナクターも多く、基礎研究の裾野が広い。

欧米においては、古代の甲冑の時代から現代まで一貫して「軍装の歴史」と捉えられており、幕末と終戦で、歴史が二回、断絶している我が国とは事情が異なる。つまり日本では、戦国武将の研究をすることと、近代戦の軍人を研究することとは全く異質に思われているが、欧米的にはカエサルやハンニバルと現代の軍人は同じ範疇だと考えられているのだ。

日本では、特に明治以後の日本陸海軍の軍装について、忘れ去られる危険が高まっている。そればかりか、戦後の自衛隊の服制（服装の制度・規則）の変遷すら忘れ去られてしまいそうな現状であり、私たちは危惧している。

私たちは、これまでもこのジャンルの書籍を出してきたが、主に服飾史の分野との関連を重視した内容だった。すなわち一般の紳士服飾史と制服の歴史の関連性を重くみて、服飾学界の研究に資することを前提としていた。

しかし、今回はふくろうの本として、三十年戦争（一六一八－四八）時代のスウェーデン軍で近代的な軍服が登場した一六二〇年代以後の、各時代の戦争史と軍服の変遷を核として物語ることにした。近代軍服は欧州で発祥して普及したので、内容的には西欧が記述の中心になる。また、歴史的な古絵画、史料写真以外のすべてのイラストは辻元玲子の作品である。本書のために、玲子は多数の新しいイラストを描き下ろしている。

私たちの意図が、読者諸賢に少しでも汲み取っていただければ幸甚である。

※編集部より：イラストをカラーで掲載するため、カラーページと白黒ページの配置の都合で図版番号の順序が前後している箇所があります。ご了承ください。

『図説 戦争と軍服の歴史』目次

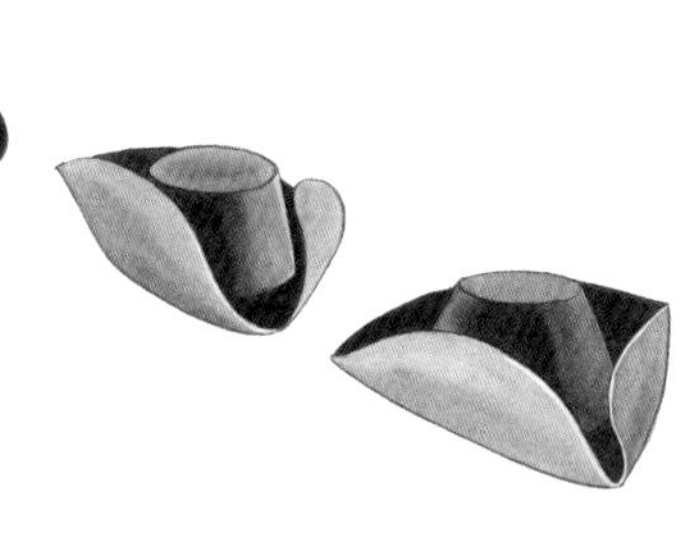

1章 軍装、軍服の基礎知識

そもそも軍服とは何か

最初に、軍服や軍装というものの基礎知識をまとめておきたい。

まず、そもそも軍服とはなんだろうか。その定義と意味付けからみてみよう。

ジュネーブ条約（一八六四年）およびハーグ陸戦条約（一八九九年）の規定において、軍服を着ている者は、交戦相手国に捕らえられても捕虜として保護される。私服の者はスパイ、テロリストとして扱われ、処刑される可能性もある。軍服とは、国家がレギュレーションregulation（軍規）の中で服制を定め、法的な裏付けのもと支給する被服である。条約上「遠方からわかる明確な徽章」が付いていることが必要だ。将校などが官給品でなく、個人でオーダーして購入する場合も、その国家の服制に則ったものでなければならない。

たとえば、日本の陸上自衛隊は「軍隊」ではないが、国際法上は軍隊に準ずる組織とされる。二〇一八年に着用が開始された16式常装【図1−1】では、その服装は季節により「常装冬服、常装夏服1種、2種、3種」などと区分され、着用の仕方、階級章や徽章を付ける位置、帽子やネクタイ、靴、さらに雨衣、外とうなどのコート類が決められている。また、常装関連服装として「礼装1種（甲、乙）、礼装2種、特別儀じょう服、特別演奏服、演奏服、簡易ジャンパー、簡易セーター」などがあり、女性隊員用の「妊婦服」も定められている【図1−2−1、2、3】。詳細まで自衛隊法および関連規則で法的に規定されている。国の規定したレギュレーションに則ったものが国際的に通用する軍服であり、自衛隊の制服もこれに準ずる扱いを受けるわけである。

自衛隊でも定めている通り、現代の軍隊では、パレードや式典で着るフォーマルウェアとしての①礼装、日常のデスクワークなどで着る②常装（勤務服）、野戦などで着用し、一般的に迷彩柄などを施した③戦闘服——の三種類を、最低限でも定めるのが一般的である。

レギュレーションと軍服の制式年

ユニフォーモロジーとして、とりわけ大事なのが、軍服のレギュレーションを調査することである。各国で服装規則が定められるようになったのは一七世紀後半から一八世紀初めのことだ。これ以後、何年から何年の間、その姿だったのかを突き止めることが重要で、根拠となる明文規定がある場合は、可能な限り、それを探し出す必要がある。たとえばフランス陸軍は一六六一年頃に、英国陸軍は一七〇六年に最初のレギュレーションを定めている。

一九世紀以後の近代的な軍服では、一般に制定年で呼び名を付ける。実際にそのように呼ばれていたかどうかにかかわらず、便宜上、通称として呼び名が付くこともある。たとえば、ドイツ陸軍が第二次大戦が迫る一九三六年に採用した軍服はM1936と通称される【図1−3】が、一九三六年モデルの意味であり、M36などと略する。たとえば一九四五年、終戦間際のドイツ兵がこのM36軍服を着ていても、ベテラン兵士が古参であることを誇示するために古い軍服を着ている、といった理由でおかしくないが、一九三九年の開戦時に、末期型のM44を着ていることは、絶対にあり得ない、タイムマシーンにでも乗ったのか、ということになる。

制服が改正になるといっても、当然ながら、ある時点から一斉にすべてが新しいものに入れ替わることは稀だ。予算と生産力の制約から、新しいユニフォームを導入しても、すべての兵士に新型の服装が行きわたるまで、相当の時間を要する。米陸軍が二〇〇七年に常装を改正した際にも、旧型の制服が完全に姿を消したのは二〇一五年のことだった。当然、過渡期には新旧の制服が入り混じる。また生産が間に合わない場合、旧式の服に新型の階級章を付けているとか、逆に新型の服に旧式の階級章を付けている、といった実例も多く見られる。新しいレギュレーションが出ているからといって、その年より後に旧式の服や徽章を着けている姿は間違いだ、などと指摘するのは、実情を知らない人が陥りやすい誤りである。

なお、日本陸軍の軍服の制式年については、我が国独特の呼び名があるのでここで紹介する。当時の定義としては上着を軍衣、ズボンは軍袴といい、上下一式で軍衣袴と称して、これの呼び名が「軍服」だった。宮中での儀式用の大礼服は正衣と正袴で正服と称し、厳密に言えば「軍服」ではない。正服を身に着けることが正装、軍服を身に着けることが軍装であり、正装と軍装の中間には、正装をドレスダウンした礼装、軍服に装飾を加えた通常礼装などが存在した。ただし本書では、各種の装いをまとめて一般的な軍人の服装という意味で軍服と呼ぶことにする。

明治四五年制定の軍衣は四五式、昭和五年のものは昭五式などと、日本の年号で呼ばれる。大正期には大きな改正がなかったので大正時代を示す呼び名はない。その後、昭和一〇年代には、神武天皇即位を西暦紀元前六六〇年とし、この年を皇紀元年として換算する皇紀が普及したので、これに基づいて九八式軍衣、三式軍衣などと通称するようになった。一九四〇（昭和一五）年が皇紀二六〇〇年にあたるので、九八式はその二年前の一九三八年（昭和一三年、皇紀二五九八年）制定を意味する。三式軍衣とは、一九四三年（昭和一八年、皇紀二六〇三年）に制定されたことを示す。その他の兵器についても同様で、たとえば有名な海軍の零戦（零式艦上戦闘機）は、皇紀二六〇〇年に制式化された戦闘機であり、陸軍の一式戦闘機「隼」は皇紀二六〇一年に登場した、という意味になる。一方、陸軍の小銃として有名な三八式歩兵銃は、皇紀普及以前の年号表記であり、明治三八年のもの、ということだ。

一方、戦後の自衛隊では、西暦で制定年を示すことにしており、陸上自衛隊の場合、制服改正のたびに58式常装、70式常装、91式常装などと呼んできた。二〇一八年に着用が開始された制服が18式ではなくて16式と呼ばれているのは、二〇一六年に制式決定されていたものの、量産の準備や関連服装の制定などもあり、実際の支給開始に時間を要したためだ。

日本軍では、たとえば三八式なら「さんじゅうはちしき」ではなく「さんぱちしき」、九八式なら「きゅうじゅうはちしき」ではなく「きゅうはちしき」と読む習慣があった。これは戦後の自衛隊でも踏襲され、91式は「きゅういちしき」、16式は「ひとろくしき」である。戦車などでも、90式戦車は「きゅうまるしき」、10式戦車は「ひとまるしき」である。

軍服のアイテムとその歴史

軍服のディテールにはいろいろな意味付けがあり、歴史的な経緯が存在する。普通のファッションとの大きな違いは、その場の思い付きで適当に成立するものではない点だ。

そこでまずは、陸上自衛隊の16式常装を例にとって、個々のパーツにいかに歴史的な裏付けがあるか、ということを解説する。

❶正帽（官帽子）　まず、身体の上から見て「正帽」【図1-4】である。正式な帽子、と書いて「せいぼう」と読ませるこの言葉は、遅くとも一八七一（明治四）年には日本陸軍の用語として登場した。なぜこの用語ができたかというと、正式なユニフォームである正装（正衣）と、日常用や戦闘用に使う略装（略服）が区別されたので、フォーマル度の高い帽子を正帽と呼ぶようになったわけである。それ

図1-1：陸上自衛隊16式常装 男性用（右）と女性用

図1-2-2：演奏服（指揮者用）

図 1-3：ドイツ陸軍 M1936 軍服

図 1-2-3：妊婦服

図 1-2-1：陸自の礼装 2 種（夏服）

より前には単に「帽」などと表現していた。
外側に大きく張り出した独特の帽子は、日本では一般的に「官帽子」と呼ぶ。警察官、自衛官など、官職についている人の制帽としてよく使われるからだ。日本の自衛隊を始め、世界中の軍人や警察官、鉄道員、警備員、船員、航空会社の職員などが被っている。

こういう帽子を英語圏ではピークドキャップPeakedcap、ドイツ語圏ではシルムミュッツェSchirmmützeと呼んでいる。いずれも「ツバ付きの帽子」の意味だ。というのも原型はツバがない帽子だったからで、遡ればルネサンス期の聖職者の帽子が起源である。

では、聖職者はなぜこういう帽子を被っていたかというと、聖人や天使の頭部にある光輪を表現したものではないか、と思われる。

原型デザインを考えるうえで参考になるのが、ローマ教皇の指輪だ。「漁師の指輪」、ラテン語でアーヌルス・ピスカートーリスAnnulus Piscatorisというものがある【図1－5】。イエス・キリストの一番弟子である聖ペテロ（三三？－六七？）は漁師であり、イエスを舟に乗せたことから最初の弟子になったとされる。このペテロが初代ローマ教皇となり、後の時代の教皇はペテロの後継者である、という意味合いで、漁師の指輪を着用するようになった。その図柄を見ると、頭に大きく張り出した帽子を被っているように見える。しかしこれは帽子ではなくて、聖人を示す光の環、いわゆる天使の環である。

漁師の指輪が教皇の持ち物となったのは一三世紀頃だろうとされている。それからしばらく後、一五世紀のルネサンス期になると、このデザインを模したようなものが、聖職者の帽子として大いに流行した。一般市民でもこのような帽子を被るようになり、特にイタリアで大流行した【図1－6、7】。以後は、主に大学生が被る帽子として欧州全域に広がった。中でも、一番定着したのが現在のドイツである。ドイツの大学の学生団では、団体ごとに決まった色の制帽を被っている。ドイツへ行くと、公式行事でOBも交えてそのような

図1－6：「ツバがない帽子」を被ったイタリアの画家アンドレア・マンテーニャ（1431－1506）の肖像

図1－7：「ツバがない帽子」を被ったコジモ・デ・メディチ（1389－1464）の肖像

学帽を被った姿が今も見られる。このような制帽の習慣は、現代の学生団が生まれる以前、もっと封建的な領邦単位の学生団の時代からあったようだ。

転機はナポレオン戦争（一七九九－一八一五）のときに訪れた。一八〇六年にドイツの中核国家、プロイセン王国の軍はあえなくナポレオン軍に降伏してしまったが、その後も愛国義勇軍が多く結成され、学生たちが学帽を被って志願した。一八一三年に、この学帽を基本形とした軍帽が、徴兵制による国民軍「ラントヴェーア」で採用されたのである。当時、一般的な軍帽はフランス風の二角帽やシャコー（筒型帽）で、プロイセン軍でも採用していた。ルイ一四世からナポレオンの時代にかけて、フランスが最強の陸軍国であり、一七世紀から一九世紀にかけて、モードの中心はずっとフランスだったのである。しかし新型帽は、愛国的な帽子としてプロイセン軍将官も好んで被るようになり【図1－8】、この戦争の間にすっかり定着した。

図1－8：プロイセン軍のブリュッヘル元帥。1810年代の姿だが、すでにシルムミュッツェ帽を被っている（ヒュンテン画、1863年）

流行は世界中に及び、各国で普及して、一九世紀末には警察や鉄道など他の組織にも模倣されて今日に至る。この帽子はドイツや、当時の同盟国であるロシアで早く普及したので、ドイツ、ロシア系のアイテムというイメージがある。フランス陸軍では今でもこういう帽子を絶対に被らず、シャコーの丈を短くしたケピという軍帽を被っているのが興味深い。

❷肩章　肩についているのが肩章である。一般的には「けんしょう」と読み、また「かたしょう」「かたじるし」と読む場合もある。肩にストラップを付ける試みは一七世紀後半、ルイ一四世時代のフランス軍で既に見られた。装備品を固定するための実用的なアイテムだったと思われる。肩章を階級章として使うことは、やはりフランスで始まった。エポレット epaulette（正肩章）【図1－21の肩の部分の装飾】というもので、本来は甲冑の肩の防具が原型である。王政時代末期の一七五九年に陸軍大臣シャルル・フーケ元帥が階級章として使用するように定めた。当時はフランスが世界最強の陸軍国だったので、他国にも影響を及ぼし、英陸軍は一七六〇年、米陸軍一七八〇年、プロイセン陸軍一八〇六年、ロシア陸軍一八〇七年、などと次々に導入された。

しかし時代の変遷から、正肩章はいささか大仰で、実戦で着用するにはふさわしくない

図1-4：正帽

図1-5：ローマ教皇の「漁師の指輪」

図1-10：ネクタイ

図1-9：陸自の礼装肩章「ワラジ」

ものと見なされるようになってくる。プロイセン＝ドイツ軍では一八六六年から、将校の常装に組みヒモを用いた略式肩章を用いるようになった。組みヒモ装飾は、古代のケルト人が使い始めて以来、欧州では伝統的な装飾品である。このドイツ式の肩章は、一八八六（明治一九）年に日本陸軍にも導入されて正装、礼装に使用されるようになった。今の陸上自衛隊でも、この形式のものを「ワラジ」というあだ名で礼装用の肩章にしている【図1-9】。しかしプロイセンで導入された当初は、むしろ「略式」だったのが興味深いところだ。

その他の国においては一九世紀半ばから、野戦装や常装では「板型肩章」や「ストラップ型肩章」を用いるようになった。米軍や日

図1-11：フォーカーレ

本軍では、特徴ある縦型の肩章を採用した。

❸ネクタイ　ネクタイ【図1-10】が軍装特有のアイテムなのか？　と驚かれる方も多いと思うが、実はネクタイこそ、紛れもなく軍服用のアイテムといえる。古代ローマ軍団の兵士が首の装飾の原型は、首に巻くスカーフ状に巻いたフォーカーレ focale【図1-11】とされており、今日、紳士服一般の歴史で定説化している。当時のローマ軍の兜は首に張り出しがあるタイプで、首筋の接触、摩擦を緩和するために巻いたのだろうという。

ローマ軍団が攻め込んだ土地の一つにダキアがあり、ローマ人が入植した。この地は後になって「ローマ人の国」という意味のルーマニアと呼ばれることになる。時代は下り一六三三年（年代には異説もある）頃、ルイ一三世時代のフランス軍に、ルーマニアの周辺国クロアチアの義勇兵【図1-12】が参加した。彼らは首にスカーフを巻いていた。古代ローマ以来の伝統が一五〇〇年以上もの間、クロアチアに残っていたのだろうという説がある。また別の説として、ペルシャで発祥したスカーフが、その子孫にあたるクロアチアの人々に継承されたのだろう、ともいう。いずれにしてもフランスでは、クロアチア人のもの、という意味の「クラバット」という言葉で呼ばれるようになった。今でもフランスではネクタイをクラバット、イタリアではクラバッタと呼ぶが、語源はクロアチアにある。

ルイ一四世の時代にはフランスの紳士一般に普及しただけでなく、軍人の標準装備になり、他国にも流行して行った。しかし、ナポ

図1-12：クロアチア義勇兵

図1-13：詰め襟の軍服

レオン戦争中の一八一四年、プロイセン軍で防風および正しい姿勢の維持を理由に、襟を立ててホックで閉じる詰め襟の軍服【図1-13】が導入された。これはナポレオン戦争の後に世界的に流行し、一九世紀半ばには、軍服といえば詰め襟が代名詞となる。このため、軍人たちはネクタイのたぐいを首に巻かなくなった。

一八五〇年代になり、英国のロンドンで四頭立ての馬車を愛好する同好会の人々が、今のような結び下げのネクタイを締め始めた。このクラブは、四頭の馬を一人の御者で制御する、という意味でフォー・イン・ハンド・クラブ【図1-14】と称していた。それで、今のネクタイを英語でフォー・イン・ハンド・ノットと通称する。高速馬車の同好会の風俗だったので、当初は暴走族のマフラーのようなもので、決して上品なものとは見なされなかった。しかし、一九世紀末になると、市民が日常的に締めるのはこの長いネクタイが一般化した。

図1-14：フォー・イン・ハンド・クラブの四頭立て馬車。（ポラード画、1838年）

第一次大戦が開戦する直前の一九一四年に、英国陸軍が初めて開襟式上着にネクタイ着用というスタイルを、将校の軍服として採用した。いわゆる「背広型軍服」【図1-15】の登場である。一九三〇年に米陸軍もネクタイを採用し、第二次大戦後は、多くの国の軍服が、詰め襟型から開襟、ネクタイ型に転換して今に至るのである。

❹勲章　自衛官は常装制服の左胸に、防衛記念章【図1-16】という、勲章のリボンのような物を付けている。自衛隊は軍隊ではないので、諸外国のような軍事勲章は身に着けることができない。そこで、一九八二年に制度化されたのが、この徽章である。

勲章は、古代ローマ軍団で発祥している。パレラエ phalerae【図1-17】という金属製の円盤を百人隊長クラスの将校が胸に飾る習慣が、既に一世紀にはできていた。その人の戦歴を示すもので、今でいう従軍記章である。だから勲章の遠い元祖はローマ時代に遡るといえる。

十字軍の時代の一二世紀頃から、キリスト教修道会の騎士団が紋章を制定するようになった。騎士団とは教皇の認可を得て「騎士修道会」として十字軍を支えたもので、その際に、各騎士団が、それぞれの紋章を陣羽織や盾に描くようになった。当時の兜は頭部を完全に覆うもので、被ってしまうとどこの誰だか、敵も味方もわからなくなってしまったのである。この紋章が騎士団としてのユニフォームの始まりであり、「勲章 order」制度の始まりでもある。オーダーとは「神→教皇→騎士団長→騎士」という宗教的な上下秩序を示す語で、騎士団員の証しとして身に着ける紋章もオーダーと呼んだ。これが現代の勲章の直接の起源で、有名なドイツ軍の鉄十字マークも、一二世紀末にドイツ騎士団の紋章として登場した。

十字軍が終焉すると、神や教会の名の下ではなく、皇帝や国王が中心となる世俗騎士団が生まれ、騎士団を率いる君主が、騎士団メンバーに与える会員証のような意味合いのメダルが登場してくる。百年戦争（一三三七－一四五三）初期の一三四八年、英国王エドワード三世が組織したガーター騎士団の「ガーター勲章」【図1-18】がその最初の例で、これは現在でも、英国王、女王を君主として仰ぐ騎士団の最高位の勲章である。

そういう経緯なので、初めは、勲章は王様に認められた騎士しかもらえないもので、当然、身分としては王族や貴族ばかりであった。平民出身の一般の軍人が、手柄を立ててさえすれば授与される勲章は一八世紀に登場してくる。一七四〇年にプロイセンのフリードリヒ大王はプール・ル・メリート勲章【図1-19】を制定しているが、これは将校であれば平民でも騎士団に加入して勲章がもらえるものだった。一八〇二年にフランスでナポレオンが制定したレジョン・ドヌール勲章は、さらに下士官や兵士でも、下の等級の勲章なら授与されるようになった。そして、一八一三年にプロイセンで生まれたのが、身分も階級も一切関係なく、功績があれば誰でも貰えるという軍事勲章、鉄十字勲章【図1-20】だ。

王侯貴族用の騎士団の勲章は、金や銀で飾られ、宝石を埋め込むなど、非常に高価な宝飾品で、日常的に身に着けるような物ではなかった。これを普段から胸に飾る、という習慣が始まったのも一八世紀頃で、フリードリヒ大王などプロイセンの国王は早くから、胸に黒鷲勲章のレプリカを日常的に帯びていた。一般の軍人で早かったのは、英国海軍のホレーショ・ネルソン提督【図1-21】だと言われる。ネルソンは布で作った刺繍製のレプリカ勲章を四つ、左胸に着けていて、常装でも勲章を飾っていた。彼が一八〇五年のトラファルガー海戦で、敵艦から狙撃されて戦死したのは、胸の勲章が目立ったからだ、との説もある。

ナポレオンは、胸にいつでもレジョン・ドヌールの最高位と最下位の勲章を着けていた。戦場で目立つ兵士を見かけると、最下位の勲章を外してその場で与えた。即時叙勲の始まりである。これで兵士は感激し、死ぬまでナポレオンについていこう、と誓うわけだ。この時代以後、皇帝や国王は、軍の最高司令官として、儀礼や外交の場では礼装の軍服を着用し、勲章を身に着ける、というのが国際常識となった。明治時代に入り、日本の天皇もこの習慣に倣うことになった。一般軍人もこれに従い、勲章を日常的に胸に飾る習慣が定着した。

一九世紀後半、常装ではメダルの部分を省き、リボンだけ着ける「略綬（りゃくじゅ）」【図1-22】という習慣が生まれた。プロイセン軍では一八六六年に略式肩章の制定と共に制度化している。これが世界的に広まり、現在の日本の自衛官が左胸に付けている防衛記念章の原型となった。常装では略綬、礼装ではメダル付きの勲章を帯びる、というのが本来の形なので、国際儀礼的には、リボンだけの記念章では礼装には不足、ということがあった。そこで、防衛功労章【図1-23】および上位の記念章などについては、二〇一四年度から、リボンで本章を吊り下げるメダル形式を採用して礼装時に着用している。

❺飾緒　陸上自衛隊では、礼装時の将官と副官（将官の秘書）が右肩に、儀じょう隊（自衛隊では常用漢字を使うので、儀仗隊もひらがな表記が正式である）の特別儀じょう服や音楽隊の特別演奏服では左肩に、組みヒモ飾りを吊り下げる【図1-24】。これが「しょくちょ」、あるいは「しょくしょ」、または「かざりお」などと呼ばれる装飾である。一七世紀のルイ一四世時代、フランス陸軍で発祥し、フランス語でエギュイエット aiguillette と呼ばれる。その語源はフランス語の「針」で、元来はヒモの先端に金具を付けること全般を指した用語だった。

飾緒の起源は小銃用の火縄とも、馬の手綱ともいわれ、当初は砲兵や銃兵、騎兵のシンボルとして使われたが、一八世紀に入ると副官のシンボルと見なされた。将官の馬を曳いている副官が、手綱を肩にかけたり、予備の火縄を引っかけたりしていたのを再現した装飾であるという。基本的には右肩に着けるものであった。そしてこの当時、先端の部分に鉛筆の芯を仕込み、メモをとれる飾緒があり、副官が日常事務や、偵察任務で使用する筆記用具としても使われた。そのため、先端部を石筆（ペンシル）と呼ぶ。

身分や階級の高い人に直属する人が着ける、ということから発展して、一七五〇年代、フリードリヒ大王が率いたプロイセン軍では近

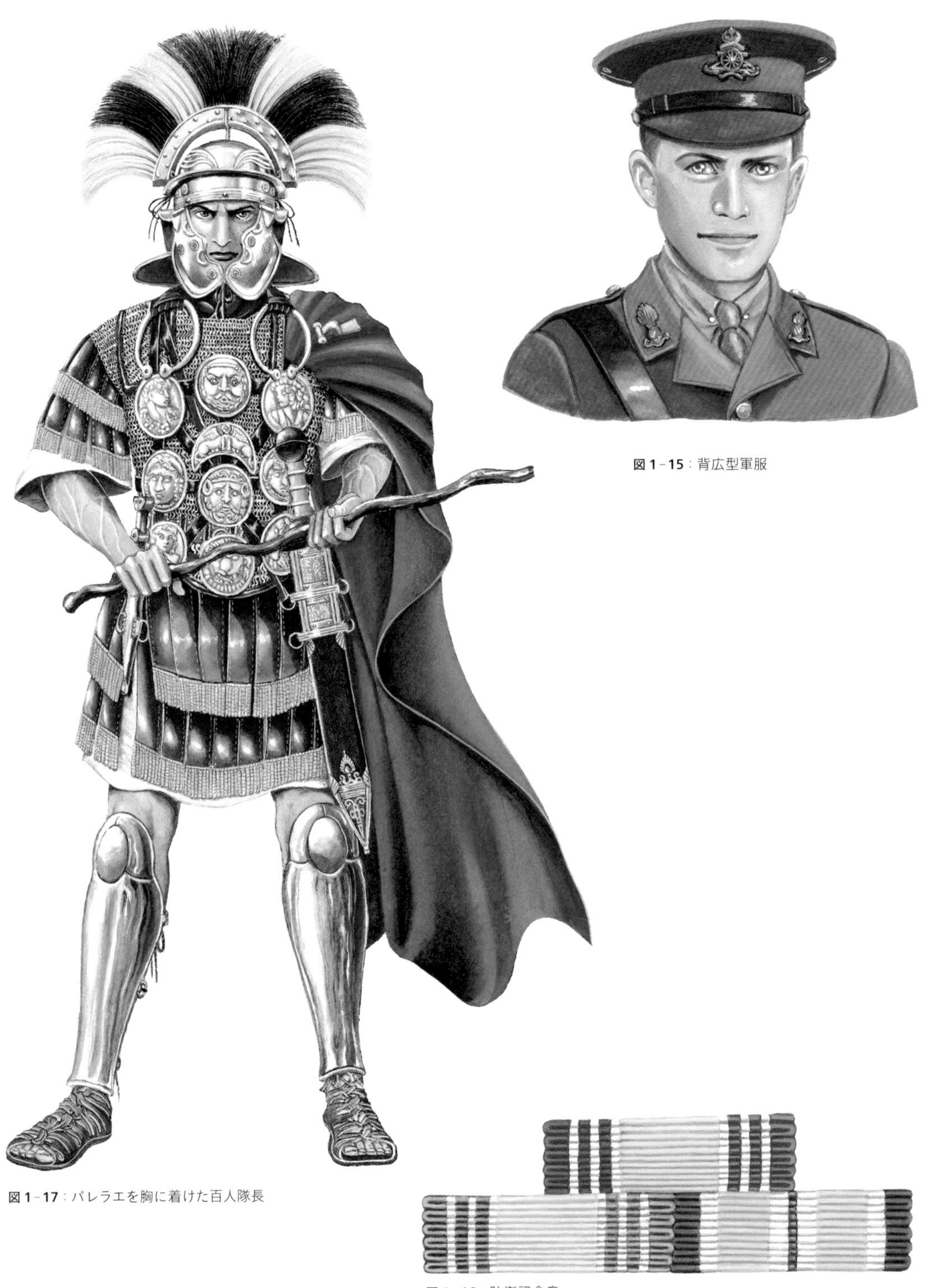

図 1-15：背広型軍服

図 1-17：パレラエを胸に着けた百人隊長

図 1-16：防衛記念章

図 1－20：鉄十字勲章（1813 年版）

図 1－19：プール・ル・メリート勲章

図 1－18：ガーター勲章

図 1－21：ネルソン提督

図 1－22：略綬（第 2 次大戦中のドイツ空軍のもの）

図 1－23：防衛功労章

衛兵の専用アイテムとされた。専ら近衛兵だけが着けるものとし、大王自身も近衛連隊長を兼任していたので着用した。プロイセン軍の飾緒【図1-25】は、右肩のかなり後ろに着ける方式で、前からは、ほとんど見えないものだった。

図1-24：飾緒

　ナポレオン軍では、飾緒は皇帝親衛隊に属する将兵が着けるものだったが、自ら親衛連隊長を務めるナポレオン本人は、飾緒を着けていなかった。また、ナポレオン軍の副官は飾緒ではなく腕章を身に着けた。この時代に、槍を使う親衛槍騎兵が左肩から飾緒を下げるようになった。やはり槍を振るうのに邪魔だったのだろう。また、親衛隊を示す飾緒とは別に、国家憲兵隊が兵科章として左肩に着けるようになった。以来、今でもフランスの国家憲兵は左肩から飾緒を下げている。その後は各国で立場や職種、兵科によって右肩に着けたり、左肩に着けたりするようになった。今日の米軍では、一般の副官勤務は左肩、大統領の副官やホワイトハウス勤務の副官は右肩に着ける、などとして区別している。

　一八〇六年にプロイセン軍で、将官が正肩章に代わる階級章として飾緒を着け始め、英陸軍も一八一一年に追随した。これが将官飾緒の始まりで、フランス風の正肩章よりも、フリードリヒ大王以来の飾緒の方が好ましい、という政治的理由が導入の動機だった。

　ナポレオン戦争以後は、各国で副官用および儀礼用、将官の礼装用として使用される傾向が強くなった。一方で、参謀が飾緒を帯びる、というのは世界的には標準ではなく、日本の陸海軍で用いた「参謀飾緒（通称、参謀肩章）」は、特異な運用だった。自衛隊では、

図1-25：18世紀のプロイセン軍の飾緒

将官と副官が礼装として右肩に、そして、右に着けると小銃や楽器の操作の邪魔になりそうな儀じょう隊や音楽隊が、左肩に飾緒を着けている。

❺ヒモ靴　最後に足元の靴【図1-26】である。単なる紳士靴ではないか、と思われるだろうが、これもミリタリー由来の形式なのである。ヒモ靴自体は非常に大昔からあり、五〇〇〇年以上も前の欧州の寒い地方で、すでに登場している。しかし、温暖なギリシャやローマではサンダルが基本で、ローマ軍団の兵士も、底に鋲を打った軍用サンダル「カリガ caliga」【図1-27】を履いていた。

　中世の靴にはカカトが付いておらず、雨の日には、外付けの木製のカカトを装着していた。一六世紀末にようやく、一部の高級品でカカト付きの物が現れるが、庶民や一般兵士向けの普及品ではなかった。一七世紀の英国の清教徒革命の時代、オリヴァー・クロムウェルの軍のために、ノーサンプトンに軍靴工場が開設され、カカト付きの軍靴を量産した。今でもノーサンプトンは英国で靴の聖地と呼ばれ、有名な靴ブランドの工場がたくさんある。

　英国のウェリントン公爵アーサー・ウェルズリー元帥はシンプルな乗馬ブーツを愛用した。今でも英国では、シンプルなブーツをウェリントンと呼んでいる。一方、軍用として足を外から包み込んでヒモを結ぶ靴を、プロイセンのゲプハルト・フォン・ブリュッヘル（ブリュッヒャーあるいはブリュッヒェルとも）元帥が推奨した。よって、こういうヒモ靴（外羽根式）を今でもブルーチャー Blucher と呼ぶが、これはブリュッヘル Blücher の名前を英語風に読んだものだ。一八一五年のワーテルローの戦いでナポレオンを倒したウェリントンとブリュッヘルの二大英雄が、共に靴に名を残しているのは興味深い。

　陸上自衛隊16式常装の靴はブルーチャーである。新型儀じょう服には、今回からブルーチャーではなく内羽根式の靴【図1-28】を採用したが、こちらの方が紳士靴として、よりフォーマルな形式で、儀仗という任務にはふさわしいと思われる。

　このように、頭から足元まで、軍服の各アイテムは、歴史的な背景に満ち満ちている、ということがおわかり頂けたと思う。

図1-26：ヒモ靴

図1-27：カリガ

図1-28：新型儀じょう服の靴（夏用）

2章 近代軍服前史

軍服はいつからあるのか

人類の最初の軍服は、いつ生まれたのだろうか。人類最古のメソポタミア文明期、古代シュメール（実に五〇〇〇年の昔）の都市国家において、既に軍隊が存在し、揃いのユニフォームが登場していた【図2-1】と考えられている。人類は文明の開闢以来、軍隊を持ち、軍服を定めていたのである。有名な「ウルのスタンダード（旗章）」によれば、有力な都市国家ウルでは、国王が率いる組織的な軍隊があり、兵士たちは、民間人とは明らかに異なる軍装を身に着けていたことがわかる。羊毛のスカートは当時の一般的な服装だが、身分や職業で作りが異なっていたようで、軍人のものは一定の様式に統一されていたようだ。

図2-1：古代シュメールの槍兵

都市国家ラガシュの「禿鷹碑文」によれば、盾を持つ歩兵と槍を持つ歩兵が協力し、密集隊形を組んで前進したようで、ずっと後の時代のギリシャやローマの軍団の戦闘法を先取りしていたような有り様が見て取れる。その他、あまりに古い時代のことで、遺物もほとんどなく、詳細は不明だ。しかし金属製の武器や装備品を使い、金属鋲を打ちこんだマントで敵の矢や投石を防いでいたと想像され、時代を考えると驚くべき先進的な軍隊であり、軍装であるといえる。装備の統一性から考えても、おそらく国家が支給していたものであり、その意味ではまさしく「世界最古の軍服」はシュメールにあった、といえるだろう。

軍服を「国家が支給する軍の制服」と定義すると、その後の時代の古代の大帝国、アッシリアやエジプトでも、彫刻や絵画などの資料から、装備を統一した常備軍があったと思われる。しかし彼らの装備や被服、制度について、詳細なことはわかっていない。

古代ギリシャ〜ローマの兵士たち

古代ギリシャでは、市民権を持つ者が軍務について国を守るのは名誉なことであった。奴隷には許されないことで、市民は重装歩兵として槍や盾、兜や胸当てなどを自分で用意して軍務についた。哲学者ソクラテスも、重装歩兵として三度の従軍経験があったという。各自で馬を飼育する必要がある騎兵は富裕層が担う兵種であり、資格審査も厳しかった。海軍に至っては大金持ちが軍艦を建造し、オーナーとなって組織された。つまり、何事も一般市民の寄付とボランティアで国防が成り立っていたが、当時は、軍務や公職でどれだけ寄付をしたり、社会貢献したりしたかが物を言う社会だったのである。そういう軍隊では、市民が経済力に応じて武器や装備を持ち寄るので、規格の統一を図るのは難しい。

当時の壺絵などを見ると、しばしば重装歩兵は兜や胸当てを身に着けながら、下半身は裸で従軍している、という図柄が見受けられる。これが当時、実際によく見られたのか、絵画的な表現なのかは意見が分かれるところだが、酷暑の地中海地方において、かなり自由な装備品で戦場に赴く者がいたのは、事実なのではないかとも思われている。

ギリシャ世界で随一の軍事国家スパルタにおいては、盾に描く「ラケダイモン」（スパルタの人々の自称）を示すΛ（ラムダ）の文字や、時代によっては兜に立て物装飾を付けるなど、一定の様式統一が図られていたという説があるが、これらも市民が自弁する装備に施す努力目標のたぐいで、実際には個々の装備は多様だったと思われる【図2-2】。

明確に、国家の軍隊として装備品を支給した証拠があるのは、アレクサンドロス大王の率いたマケドニア軍で、刀剣や甲冑などで統一した規格品が量産され、兵士に支給されていた。大王の遠征を支えたのは、国家が需品補給のシステムを整えた軍隊だったといえる。

スパルタ軍やマケドニア軍と戦った相手は、ペルシャ帝国である。ペルシャ人は早くから乗馬をよくし、長ズボンを穿いていたことで知られる。ミニスカート姿が普通だったギリシャ人にとって、長ズボンは東洋風の奇妙な風俗だったが、戦闘用の衣服としては明らかに、スカートよりこちらの方が向いている。アレクサンドロスもペルシャ征服後は東洋風の衣装を着用したが、一時的な流行に終わり、これが欧州全域に広まることはなかった。

ローマにおいては、共和制の初期は市民軍であり、ギリシャ時代と同じく、個人で装備を用意する必要があった。このため、兵士は一定の資産を持っている者に限られた。紀元前一〇七年に行われたマリウスの軍制改革を経て、プロの職業軍人による正規軍の軍団制を敷いてからは、統一的な軍装を支給したので、これは国家の軍服だったといえる。帝政時代の兵士に支給されたローリーカ・セグメンタータ lorica segmentata【図2-3】と呼ばれる板金製の組み立て式甲冑は、古代世界において最先端の装備であった。さらに、1章でもふれたように、現代のネクタイの元祖であるフォーカーレや、従軍記章の原型であるパレラエなど、驚くべき先端性を持っていたのがローマ軍団の軍装だった。

追記すれば、当時のローマ軍団の兵士については、無彩色の彫刻などから想像されている要素が多く、サグム（ウールの軍用マント）や兜の羽根飾りなどの色彩が本当は何色だっ

図2-2：スパルタの重装歩兵

たのか、所属や階級によって異なっていたのか、などという実態の詳細は分かっていない。軍神マルスにあやかって赤い色が多く用いられた、というのは映画やドラマでよく見られるイメージだが、全軍が赤一色だったのか、というと判然としないのである。なお、当時の技術では鮮紅色を得るのは非常に難しいことで、カイガラムシの染料が用いられた。その特産地はブリタニア属州（現在の英国）であり、本国に対する最重要の献上品だった。

しかしこうしたローマ帝国の制度も、ゲルマン人の侵入を受けた帝国後期には崩壊し、異民族による支援軍団が加わるようになった頃には、ローマ出身の兵士たちもゲルマン文化の影響を受けた。初めは蛮族の服装といって蔑んでいた長ズボンを穿くようになり、ローマ風の短剣グラディウスを廃して、ゲルマン風の長剣を帯びるようになったのである。

図2-3：ローリーカ・セグメンタータを着たローマ兵

騎士団と甲冑の時代

中世の封建時代を迎えると、国家の正規軍という考え方は薄れ、騎士団ごとにある程度の軍装をそろえる、という時代に入った。騎士団の紋章が勲章制度の始まりである、というのは1章でも取り上げた。当時の軍の中心は騎士団に属する騎士と従者であり、あとは合戦のために臨時に強制徴発される農民と、金で動く傭兵だった。そういう状況では一国の軍隊という統一は図れず、装備もまちまちになりがちである。傭兵団などは、良い装備品や武器を準備して志願すると、優遇されて給与も上がったといわれている。

甲冑の進化が、男性の服装全般の変化を促したこともあった。一三世紀までチェインメイル（鎖かたびら）【図2-4-1】が主流だったが、一四世紀になると、全身を装甲板で覆う新型甲冑プレート・アーマーが登場する。百年戦争で英国軍が使用したロングボウ（長弓）がチェインメイルを簡単に貫通したため、防御力がより重視されたのだ。百年戦争前半の活躍で有名な英国王太子エドワードは、「黒太子」のあだ名で知られる【図2-4-2】が、それは初期の板金甲冑の表面処理が黒っぽかったから、という説がある（それだけではなく、実際に黒い装備品を身に着けていた、という話もある）。

全身をタイトに覆う新型甲冑の登場により、男性の上着の裾が短くなった。このため、男性が脚線を人目にさらすようになった。中世の欧州の紳士というとタイツ姿、というイメ

図2-4-1：ワリヤギ親衛隊（東ローマ帝国）

ージが一般にあると思うが、その背景には軍事的な理由があったのである。

さらに、甲冑の下着として着用された綿入れから、ぶくぶく膨らんだダブレットという上着が流行した【図2-5】。ダブレットとは中間着、合着の意味合いで、本来的には今でいうスリーピースのベスト（チョッキ）に当たる衣服である。しかし戦乱状態の長期化もあって、徐々に上着（ジャーキン）を廃止し、ダブレットを上着として着ることが多くなった。

このように、軍装と一般の紳士服の間に大きな関連性が見られたのである。当時の支配者層である王侯貴族は、イコール騎士なので、彼らの日常の服装も甲冑に規定された面がある。また、全身を防御する新型甲冑の防具の隙間を狙うべく、刀剣の形状も変わってくる。中世の騎士が好んだ十字剣から、甲冑の部品の隙間をねらって突き刺す刺突剣が登場するが、これが今でもフェンシングで使うレイピア型刀剣の由来である。

［上］**図2-5**：ダブレットを着た英国王ヘンリー８世（ホルバイン画、1537年頃）
［左］**図2-4-2**：黒太子エドワード

傭兵が生んだスラッシュ・ファッション

ルネサンス期から一七世紀の初め、国家の軍隊が封建騎士団から近代的な正規軍に移り変わる狭間には、傭兵が戦場を支配した。彼らは傭兵隊長の考え方により、一定の装備をそろえる場合もあったが、基本的に服装や装備は自弁であった。ただし傭兵を産業として制度化していた、スイス傭兵【図2-6】は特別で、著名な従軍記録作家ディーボルト・シリングの『ルツェルン絵入り年代記』を見ると、少なくとも地域部隊ごとに色調や様式をそろえたユニフォームを持っていたと思われる。しかし、これも各自が装備をできるだけそろえる、という努力目標の形だった。

一四七七年のナンシーの戦いで、ロレーヌ公国に攻め込んだブルゴーニュ公国の君主、シャルル勇胆公【図2-7】は、ロレーヌ公ルネ二世が雇ったスイス傭兵隊に打ち負かされ、本人は戦死、彼に忠誠を誓った金羊毛騎士団も壊滅的敗北を喫した。これは騎士の時代の終焉を象徴する戦いとして、戦史に名高い。シャルルの死によってブルゴーニュ公国は絶

図2-8：ドイツ傭兵
ランツクネヒト

図2-7：
シャルル勇胆公

図2-6：スイス傭兵

え、彼の娘が嫁いだハプスブルク家が、金羊毛騎士団（および勲章）と遺領を相続した。このことが後々、一六世紀になって、ハプスブルク家のスペインから旧ブルゴーニュ領の一部、オランダが独立を目指す八十年戦争を惹起することになる。

ナンシーの戦いの後、スイス傭兵たちは、戦闘で破れた服の下に、シャルルの本陣から略奪した豪華な布を押し込んで凱旋した、と伝えられる。この、破れ目から下の布がのぞいて見える着こなしがカッコいいということで、全身にスラッシュを入れる奇妙なファッションが起こり、その後一七世紀の半ばまで、二〇〇年近く欧州の紳士たちに流行し続けた。

もちろん、流行の原点である傭兵たちは、誰よりも派手な着こなしを好み、上着と言わずホーズ（靴下）と言わずズボンと言わず、全身にスラッシュを入れまくった。スイス傭兵のライバルとして一四八七年に神聖ローマ皇帝マクシミリアン一世が組織したドイツ傭兵ランツクネヒトLandsknecht【図2-8】のいでたちは、当時としても悪趣味と思われていたが、命のやり取りをする危険な職業の彼らのやることは、どこでも大目に見られた。

彼らが最後の活躍を見せたのが、神聖ローマ帝国を舞台に繰り広げられた三十年戦争（一六一八－四八）の戦場だった。彼らと入れ替わるように登場したのが、近代的な軍隊であり、近代的な軍服というものだった。

3章

三十年戦争——スウェーデン軍と「近代軍服」の登場

図3-2：スウェーデン軍の「世界初」の近代軍服

図3-1：グスタヴ2世アドルフ

グスタヴ二世アドルフの時代

一七世紀にドイツで勃発した三十年戦争は、しばしば「最初の世界大戦」ともいわれる。この戦争で、ドイツの人口は一六〇〇万人から六〇〇万人ほどにまで減少し、戦争による直接の死者数だけで四〇〇万人に達したと言われる。

この戦争の中期、一六二五年に、スウェーデン王グスタヴ二世アドルフ【図3-1】が、世界最初の近代軍服を制度化した【図3-2】。もちろん、実際には彼一人が突然、思いついたアイデアではない。

その背景を考えると、まず三十年戦争に先立って、オランダとスペインの間で八十年戦争（一五六八-一六四八）が始まっていた。旧教国スペインの支配に対し、新教を支持するオランダの人々が反抗することで始まった戦争だが、強大なスペイン帝国と戦うために、オランダの事実上の君主、総督マウリッツ・ファン・オラニエ（オラニエ公、ナッサウ伯）は、古代ローマの軍制を参考にして近代的な軍隊を再編した。ネタ本となったのは、共和政ローマ時代に書かれた歴史家ポリュビオスの著作で、そこには長らく忘れ去られていたローマ軍団の先進的な軍制が詳述されていた。ローマ軍団を研究することで、将校教育の重要性、組織的な部隊編成、装備や被服の統一的支給の重要性が認識されていった。これにより、三十年戦争が始まる頃には、主に新教国のドイツ諸邦が軍制改革に取り組み、部隊の統制や士気高揚、資材の大量調達による経費節減を目的として、部隊ごとに上着やベストの色をそろえる流行が生まれていた。

グスタヴ・アドルフは若き日にドイツ諸国の軍事事情を実際に視察したうえ、マウリッツの軍制改革のブレーンとして有名なナッサウ・ジーゲン伯ヨハン七世の元を訪れ、オランダ式の軍制を学んだ。ヨハンは世界初の「士官学校」を開設したことで軍事史に名を残している人物である。また、長きにわたってスウェーデンのライバルだった隣国デンマークが採用していた、連隊を色で識別するアイデアにも触発された。グスタヴ・アドルフはこのような当時の軍事的流行を率先して取り入れ、後進国スウェーデンの軍制を大きく革新する中で、ついに国家としての軍服制度を確立したと思われる。

徴兵制と色名連隊

グスタヴ・アドルフは、初期の徴兵制である選択徴兵制を定めた。初めは被服の生地調達と被服製造は連隊ごとで行われ、徴兵されなかった市民から被服費が徴収された。

一六二〇年に出た法令では、一五歳以上の男子が兵役義務を負い、地域の集会所に一〇人一列で整列させられる。軍の徴兵官がその中から一人を選び出し、その新兵のための被服費と装備品の費用は、選ばれなかった九人が納める一律徴収金から賄う、という制度だった。

その後、軍服の生地は王室衣装部が管理・支給する制度となったが、連隊ごとに服の色を統一することについて、根拠となる法令は発見されていない。ただ、プロイセンの年代記作家イスラエル・ホッペの『プロイセンにおける第一次スウェーデン・ポーランド戦争記』により、一六二五年には連隊ごとの色調統一が行われていたことがわかっている。

このときスウェーデン軍には、デンマーク式に軍旗の色で識別される色名連隊が四つあった。これらは徴兵されたスウェーデン人の兵士による本国の国民連隊ではなく、外国人志願兵による職業軍人の歩兵部隊であり、実質的にはスウェーデン軍外征部隊の主力であった。「黄色連隊」は国王直属の近衛連隊で、王宮連隊や護衛連隊という通称もあった。ほかに「青色連隊」「赤色連隊」「緑色連隊」が存在した。色名連隊の兵士はほとんどがドイツ人だったが、緑色連隊の将校にはスコットランド人が多く、英国からやって来た兵士が多数、在籍していた。黄色や青色といった色名は、初めは軍旗の色を示していたにすぎないが、一六二五年を境に、軍服の色も統一していったとみられる。

当時、スウェーデン軍英国人部隊の新兵募集や運営の責任者だったサー・ジェームズ・スペンス少将が一六二七年一〇月、英国王チャールズ一世に宛てて書いた報告書が英国国立公文書館に残っている。「(グスタヴ王は)赤、黄、緑、青に染めた生地で兵士たちの被服を製作いたしました。戦場での彼らは大変な見世物でございます。この国王より前に、このようなことを実施した者はおりません」

四つの色名連隊で最も長い間、存続したのが青色連隊で、戦争終結後の一六五〇年までスウェーデン軍の中核を担った。黄色連隊は、スウェーデンが徐々にドイツの戦争から手を引き、代わってフランスが参戦した時期の一六三五年に、フランス陸軍に移籍した。同じ年に緑色連隊も解散し、英国人の将兵は帰国した。そこで彼らを待ち受けていたのが、故国で勃発した清教徒革命による英国内戦であった。

スウェーデン人による本国連隊の多くは、青い軍服を着ていた。一七世紀後半になると、スウェーデン軍全体の統一カラーとして青色が採用されることとなった。

グスタヴ二世アドルフの軍隊の軍服は、前の世紀まで紳士服の主流だったダブレットの流れを汲む、丈の短い上着と、膝丈までのブリーチズ(半ズボン)である。この上着については、「ハンガリー風」のジァッカjacka(上衣)という記述が当時の記録に残っている。頭にはフェルト製のハットを被ったが、ツバの一方を折り返して留める形式が登場していて、グスタヴ・アドルフ本人も愛用していたことが遺物でわかっている。

歩兵は戦闘時に、トサカ状の峯が頭頂部にあるスペイン式モリオン兜を被り、マスケット銃兵を守るパイク（長槍）兵は半身鎧を身に着けることとされた。また、胸甲騎兵は半身甲冑を着用することになっていたが、重い甲冑はしばしば放棄されて、兵士たちは着用を拒んだという。騎兵用の兜は、初めはいかにも一騎打ちの時代の騎士然とした、頭部を完全に覆う閉鎖型兜（クローズ・ヘルメット）だった。しかしすぐに顔面を見せる開放型のポーランド式兜やハンガリー式兜に変更された。これは、マスケット銃が主力となる新時代の戦場で、視界が狭い閉鎖型の兜は時代遅れとなっていたからだ。

騎兵や将校たちは、甲冑に代わって、その頃には他国でもよく使用されていた揉み革の上着「バフコート」を好んで着用した。グスタヴ・アドルフ本人も最期までバフコートを着ていたようである。しかし、こうした高価なコートは正式な支給品ではなく、個人で購入したか、あるいは予算的に余裕がある一部の部隊単位で採用されたものらしい。

マスケット銃兵の一部は、カソックと呼ばれるマントのような上着を羽織ったが、これも正式な支給品リストにはなく、部隊ごと、あるいは個人で調達したものと思われる。

マスケット銃の普及と甲冑の退場

グスタヴ・アドルフは一六一一年に即位後、デンマーク、ロシアとの争いを収めた後、ポーランド領プロイセンに侵攻した。プロイセンは十字軍の時代以来、ドイツ騎士団の領地だったが、一五二五年に宗教色を払拭し、ブランデンブルク家の領土となった。しかしこの地の宗主権はポーランドにあり、スウェーデン・ポーランド戦争が終戦を迎える一六六〇年になるまで、プロイセンはドイツ国家、神聖ローマ帝国の一員とはいえなかった。

この戦いの渦中の一六二六年、グスタヴ・アドルフは、当時、世界最強とうたわれたポーランド騎兵部隊とメーへの戦いで対決し、マスケット銃の活用で撃退している。翌年八月のディルシャウの戦いでは、頸部に銃弾を受けてしまい、それ以後は甲冑を着用できなくなった。こういう戦歴を見ても、グスタヴ・アドルフは身をもって、銃が戦場を支配する新時代の戦術の申し子という立場を体現していたといえる。彼が始めた最も効果的な戦術は、マスケット銃部隊による一斉射撃（斉射）サルヴォ salvo であろう。

国王が甲冑を着用しないで陣頭に立つのを見て、騎兵や歩兵が重い甲冑を嫌う傾向に拍車がかかったのは間違いない。ただ、グスタヴ・アドルフ本人は、部下の将校たちが甲冑を着ないことを常々、憂慮しており、「将校が戦死したら、誰が指揮を執るのか」と戒めていたという。というのも、この時代の火縄銃の性能はいまだ低く、上質な甲冑は、まだまだかなりの防御力を持っていたからである。ところが彼の憂慮は、最後に彼自身の問題として降りかかることになる……。

いずれにせよ、軍服登場の背景には、銃器の普及と甲冑の退場があった。結果として「近代軍隊の父」と呼ばれるグスタヴ・アドルフが、近代軍服の開祖となったのも必然なのである。甲冑の廃止は、さまざまな色調の軍服を統一採用することにつながった。また、軍服は甲冑に比べてずっと廉価であり、国軍が正式に大量調達するのにも好都合であった。

火薬は中国で唐の時代には発明され、一三世紀には銃の使用が始まり、中東から欧州に広まった。欧州では百年戦争の後半、一五世紀の戦闘に火砲が使用されている。一六世紀になると、オスマン帝国の精鋭部隊イェニチェリ（皇帝親衛隊）が銃の集中装備を始めて、欧州の騎士団を圧倒するようになった。ポルトガル人から日本に火縄銃が伝来したのも、まさにそんな時期である（一五四三年）。スペイン軍は、大量のマスケット銃兵を集め、その周りにパイク兵を配置して防御するテルシオ方陣を採用して、欧州の強国の中ではいち早く銃火器の本格使用を開始した。この強力なスペイン軍を打ち破るために、マウリッツ・ファン・オラニエのオランダ軍が、古代ローマ軍団に倣った軍制改革を必要としたのである。

一七世紀に入ると、火器の発達と普及により甲冑の使用が急速に廃れていった。だが、その理由としては、何よりも十分な量の甲冑を兵士に支給できない、という面が大きかった。ことにスウェーデンは辺境の貧しい小国であり、どんな理想があるにせよ、贅沢な軍備はしたくてもできない状況だったのである。

宿敵ヴァレンシュタイン

ポーランドと一時休戦した後、一六三〇年にグスタヴ・アドルフは、ドイツの新教勢力の求めに応じて、本格的にドイツの三十年戦争に参戦した。「神は我らと共に！」Gott mit uns! は、この際のスウェーデン軍を含む新教軍の合言葉で、その後のドイツで広く使われるようになり、ずっと後年のナチス・ドイツ軍にまで引き継がれることになる。

図3-3：ヴァレンシュタイン。甲冑に赤いサッシュを巻いている

ドイツに現れたグスタヴ・アドルフの対戦相手となったのは、皇帝軍総司令官のティリー伯ヨハン・セルクラエス元帥である。ティリー伯は「甲冑を着た修道士」というあだ名を持つ高潔な人物だったが、一六三一年五月に彼の軍隊は、スウェーデンと同盟を結んだハンザ同盟の都市マクデブルクを陥落させ、二万人以上の市民を虐殺し、掠奪の限りを尽くす大惨劇を演じてしまう。ティリー伯は皇帝フェルディナント二世に得々として「（ギリシャ神話の）トロイの戦い以来の大勝利」と報告したが、この惨劇は新教側の怒りを爆発させてしまった。ブランデンブルク、ザクセン、ブレーメン、ヘッセン・カッセルなどの諸侯や都市が、次々にグスタヴ・アドルフの味方についた。ティリー伯はスウェーデン軍の猛攻をとどめることができず、敗北を重ねて、一六三二年四月のレヒ河畔の戦いで負傷し、その後、死亡した。

フェルディナント二世が慌てて後任の司令官に任命したのが、一介の傭兵隊長から元帥にまで昇りつめていた一代の梟雄、アルブレヒト・フォン・ヴァレンシュタイン【図3-3】である。実はヴァレンシュタインは、グスタヴ・アドルフが参戦する直前まで、総司令官職に就いていた。しかし有能なヴァレンシュタインのあまりに早い昇進を妬む声が多く、皇帝自身も内心、その存在を重荷に感じ始めていたので、理由を付けて解任してしまったのだ。ところが、その時点では想像もしていなかったことだが、グスタヴ・アドルフのスウェーデン軍は勝ちに勝ちまくり、たった二年で南ドイツのミュンヘンにまで到達してしまった。これを食い止めるには、ヴァレンシュタインの再任しかなかったのである。

このヴァレンシュタインは、もともと自分で徴募した傭兵隊の指揮官だが、他の傭兵団とは一線を画す政策を採用していた。普通の傭兵団は、攻略した街や村で掠奪をすることで生計を立てている。ティリー伯の部下たちが犯した惨劇は、傭兵に依存する限り、当時としては避けがたいことでもあった。しかしヴァレンシュタインは、掠奪をしない代わりに、降伏した相手の都市や領主に対し、直接に課税する権利を皇帝から与えられていた。このため、ヴァレンシュタインは敵から深い恨みを買うことなく、勢力を伸ばせたのである。

ヴァレンシュタインはオランダ出身の銀行家ハンス・デ・ヴィッテをパトロンにつけたうえ、徴税権による潤沢な資金力を基に、部隊の装備の充実に力を入れ、上質な甲冑を装備した胸甲騎兵を整備していた。ここがお金のないスウェーデン軍との根本的な違いである。彼本人の肖像画を見ると、黒い立派な甲冑を着込んでおり、絵によってはいかにも傭兵らしい、派手な上着を甲冑の下に着ているものもある。彼は欧州世界で最後の裕福な傭兵で、皇帝であろうが国王であろうが歯牙にもかけない、独立独歩の戦国大名のような男であった。彼や彼の部下たちは、甲冑はそろえていたが、軍服などはそろえていなかった。味方の識別には、赤いサッシュ（スカーフ）を用いており、皇帝軍の全ての将兵が首の周りなどに巻いていた。

グスタヴ・アドルフの死

一六三二年一一月一六日、ライプチヒ近郊のリュツェンで、グスタヴ・アドルフはいつものように、甲冑を着ることとなく、フェルトの帽子とバフコートを身に着け、愛馬シュトライフにまたがって騎兵連隊の指揮を執っていた。黄色連隊と青色連隊が本陣を固めていたが、ヴァレンシュタイン軍の護衛隊長オッタヴィオ・ピッコロミニ大佐【図3-4】が率いる胸甲騎兵連隊が、スウェーデン歩兵部隊に向かって突進していた。

前進したグスタヴ・アドルフは、敵の放った流れ弾が左腕を貫通し、動けなくなった。騎兵部隊の主力とはぐれたグスタヴ・アドルフは、たった五人の護衛兵と共に後退したが、深い霧の中で、ピッコロミニの部隊と遭遇してしまった。重装備の胸甲騎兵に襲われたグスタヴ・アドルフは背中を撃たれ、さらに数箇所を剣で刺されて致命傷を負って落馬した【図3-5】。

その場に現れたピッコロミニ大佐は、倒れている瀕死の人物がグスタヴ・アドルフ本人だとすぐに気付いた。スウェーデン軍の反撃が始まっていたので、大佐の部下がこめかみに拳銃を向け、英雄にとどめを刺した。グスタヴ・アドルフの遺体はその日のうちにスウェーデン軍が回収したが、身に着けていたものはシャツを除いてほとんど全て持ち去られていた。

リュツェンの戦いで、ヴァレンシュタイン軍は敗走したが、スウェーデン軍も国王を失い、士気を喪失して撤退した。黄色連隊を指揮していたニルス・ブラーエ大佐は左脚に銃創を負って、二週間後に死去した。愛馬シュトライフは傷を負って戻ってきたが、まもなく死んだ。この愛馬はストックホルム宮殿東棟にあるスウェーデン最古の博物館「王室武器庫」に、今でも剥製となって展示されている。グスタヴ・アドルフの血染めのバフコートは、皇帝フェルディナント二世に献上された。これがオーストリアからスウェーデンに返還されたのは、第一次大戦後のことである。

辛くもグスタヴ・アドルフを倒したヴァレンシュタインだったが、彼の命運も尽きる時

図3-4：ピッコロミニ（伯爵時代）。皇帝軍の赤いサッシュを帯びている（ファン・フーレ画、1650年頃）

図3-5：グスタヴ２世アドルフの戦死（ヴァルボン画）

が来た。最強の敵が倒れた今、再びヴァレンシュタインの存在は皇帝から見て邪魔になってきた。そこで皇帝は、ヴァレンシュタインの側近、ピッコロミニ少将に、不明瞭な形ながら暗殺をほのめかす指示を出した。文豪シラーが書いた戯曲『ヴァレンシュタイン』では、暗殺の主犯はピッコロミニだったとしているが、本当のところはよく分からない。なんにせよ、ヴァレンシュタインは一六三四年二月二五日にエーガー城で殺害された。かつて一六歳でスペイン軍に入隊し、テルシオ方陣のパイク兵を務めて以来、各国で軍歴を積み上げ、苦節を重ねてきたピッコロミニは、一連の功績を認められて中将となり、最終的には元帥に昇進したうえ、帝国諸侯に列してアマルフィ公に栄進した。

グスタヴ・アドルフの戦死後、スウェーデンはフランスとの同盟を強化し、三十年戦争の中心はフランス軍に移る。大航海時代の一六世紀に世界帝国を誇ったスペインは、無敵艦隊が英国海軍に敗れ、オランダを失い、今度はフランスから攻撃されて、時代遅れとなったテルシオ方陣の戦術とともに、欧州の覇権争いから脱落したのである。

4章 ルイ一四世の戦争——太陽王と「ペルシャ風」軍服

少年王が太陽王になるまで

大国フランスを統治するブルボン王朝は、ルイ一三世でいまだ二代目であり、全く安定していなかった。ヴァロワ朝最後のアンリ三世、ブルボン朝初代のアンリ四世と、二代続いて宗教対立がらみで国王が暗殺されていた。その手綱を引き締め、軌道に乗せたのは宰相リシュリュー枢機卿である。国内的には新教徒を抑圧する一方で、ドイツの三十年戦争では専ら国益を考えて新教側につき、一六三五年にグスタヴ二世アドルフ亡き後のスウェーデン女王クリスティナの摂政、アクセル・オクセンシャーナと交渉して軍事同盟を更新したのも、リシュリューである。折しも、オスマン帝国の圧迫を受けて国を失ったクロアチア人の傭兵連隊が、ハプスブルク家の皇帝による支配を嫌ってフランス軍に義勇兵として参加したのも、一六三三年頃で、ちょうどこの時期と重なる。クロアチア兵が首に巻いていたスカーフがクラバット——現在のネクタイの原型となったことは、1章ですでにふれた。

スウェーデンとの同盟は、スウェーデン軍がドイツ国内で皇帝軍と戦う一方、フランス軍はスペイン軍を全力でたたく、というものだった。ルイ一三世の王妃アンヌ・ドートリッシュはスペイン・ハプスブルク家から嫁いだ人で、当然、実家を敵に回すリシュリューの決定に反発した。後継ぎが生まれなかったこともあり、元から夫婦仲が悪かった夫のルイ一三世ともますます疎遠になった。ルイ一三世は政務をリシュリューに任せ、趣味の狩猟に没頭するため、パリから離れたヴェルサイユの荒野にあった小さな狩猟小屋を改装し、居心地のいい館にして、そこに引きこもってしまった。

ところがある日、ルイ一三世は嵐のために目的地に行くことが出来なくなり、たまたま最寄りにあった王妃の居館に立ち寄ったという。久しぶりに会った夫婦はいつになくロマンチックな気分になり、一夜を過ごした。そして驚くべきことに、結婚から二三年もたった一六三八年九月五日に、王太子ルイが誕生したのである。

宰相リシュリューは、地方監察官（アンタンダン）を各地に派遣して、中央集権的な絶対王政を目指していたが、その完成を見ることなく、三十年戦争の結末も見届けずに一六四二年末にこの世を去った。翌年五月一四日には、ルイ一三世も四一歳の若さで没した。王太子ルイが、ルイ一四世としてただちに即位したが、このときわずか四歳だった。

母后アンヌ・ドートリッシュは摂政となり、すぐにリシュリューの片腕だったマザラン枢機卿を宰相に任命した。少年王は当然、お飾りであった。

三十年戦争では、フランス軍に新たな軍事的天才が出現した。ブルボン王家とは親戚のアンギャン公ルイという青年で、二一歳で軍の指揮を執ると、ルイ一三世が崩御した直後の一六四三年五月一九日、ロクロワの戦いでスペイン軍を撃破した。その後、父の名跡を継いでコンデ公ルイ二世となった彼は各地で勝利を重ね、一六四八年八月のランスの戦いで決定的勝利をつかんだ。同年一〇月二四日にウェストファリア条約が締結され、三十年戦争は終結し、これをもって事実上、神聖ローマ帝国は実体を失ってしまった。

しかし、三十年戦争が終わる前から、戦争継続のために重税を課すマザランの政策に反発してフランスでは内乱が発生し始めており、一六四八年七月にパリ高等法院がアンタンダンの廃止を含む要求書を出し、これに呼応して、重税に怒るパリの民衆がバリケードを築いて蜂起した。フロンドの乱というものである。フロンドとは石投げ（パチンコのようなもの）のことで、にっくきマザランの屋敷に向けて反乱側が投石して攻撃したことが命名の理由である。

パリは無政府状態となり、ルイ一四世と摂政アンヌはパリを脱出。直後に三十年戦争が終結し、コンデ公率いるフランス軍がパリに帰還して、翌年三月にはいったん事態は収拾した。国王とアンヌはパリに戻ったが、今度はコンデ公とマザランが対立して貴族の反乱が勃発してしまう。マザランは亡命し、ルイ一四世は再びパリから退去した。英雄としてパリに入城したコンデ公は一時優位に立つが、軍事的才能に比べて政治的な手腕に乏しかった彼は、それ以上の積極的な行動に出られず、ルイ一四世と摂政アンヌは一六五二年一〇月にパリに戻り、政権を取り戻した。国政に復帰したマザランは反抗的な高等法院を抑え込みにかかり、一六歳になったルイ一四世は高等法院に立ち寄ると、その場にいた貴族たちに対して「朕は国家なり」（L'État, c'est moi）と言い放った。これはヴォルテールの名著『ルイ一四世の時代』にある逸話だ（真実かどうかは不明である）。

三十年戦争は終わっても、フランスとスペインの戦争は終わらなかった。コンデ公と並ぶ名将テュレンヌ子爵がフランス軍の総司令官に就任し、亡命して旧敵のスペイン軍を指揮することになったコンデ公と戦った。フランスは英国と同盟して優位に立ち、一六五八年、ダンケルク近郊で勝利した。翌年のピレネー条約でフランスとスペインの国境が画定し、コンデ公は罪を許されフランスへ帰国した。

一連の反乱の収拾で貴族たちの勢力は低下し、国王中心の絶対王政がほぼ完成した。しかし少年だったルイにとって、フロンドの乱の経験は生涯のトラウマとなった。王の寝室にまで踏み込んできた民衆の反乱を恐れた彼は、その後、パリから離れた父王の狩猟館を建て直し、壮麗なヴェルサイユ宮殿を建築することになる。

図4-1：ルイ14世が太陽神アポロンに扮して踊ったバレエの衣装（王室デザイナー、アンリ・ド・ジセのデザイン画。1653年）

一六六一年三月九日、マザランが死去した。ルイ一四世は後任の宰相を任命せず、母后アンヌも国政から遠ざけ、親政を宣言した。バレエを得意としたルイは、群臣を集めて、ギリシャ神話の太陽神アポロンの装束で舞踏を披露し評判になった【図4-1】。そのこともあり、彼は太陽のように国家の中心に輝く「太陽王」と呼ばれるようになっていた――。

カツラとハイヒールと、リボン

ところで、ルイ一四世は自身のカリスマ性を演出するために、ルックスにも非常に気を使う王様だった。狩猟が趣味だった父、乗馬が得意だった母の影響もあって身体能力は抜群で、生涯に多数の愛人が存在し、おそろしく健啖家だったという記録もある。

しかし身長は一六〇センチほどで、一七世紀当時の男性としては低いというほどではないが、少なくとも決して長身ではなかった。本人もその点を気にしており、すぐに始めたのがハイヒールの着用である。欧州の靴にカカトが付くようになったのは、ようやく一六世紀末のことで、カカト付きの靴の量産が始まったのは一六四〇年代の英国でのことだった（1章）が、ここにきてショスュール・ア・タロン・オ chaussures a talons hauts（カカトが高い靴）の見栄えの良さが、若き国王の心をとらえたのである。彼は宮廷用のハイヒールは、カカトを赤く塗ることとし、たちまち臣下はこれに倣った。ルイの宮廷では、ハイヒールは男性がカッコよさを競うために履く靴であった。

もう一つがペリュック perruque、つまりカツラの愛用である。実は父のルイ一三世が、二二歳の若さでカツラを着けるようになっていた。王妃アンヌとはうまくいかず、世継ぎも生まれない。国内外で動揺が続き、ストレスが彼の髪の毛を消耗させたのだろう。この父の習慣のおかげで、貴族たちも（地毛があろうがなかろうが）カツラを日常的に用いていた。そこでルイ一四世は、頭頂部を高く盛り上げるカツラを愛用することにした。こちらは背を高く見せるためのカツラである。

図4-2：ドウェの戦場（1667年）で指揮する若きルイ14世。装飾過剰なファッションが目立つ。周囲の軍人たちの最初期型制服にも注目（ルブラン画、部分、1667～90年）

そして、たくさんのフリルやレースを縫い付け、全身のあちこちにリボンを飾り付けた非常にフェミニン（女性的）な服装を好んでした【図4-2】。これは一つには、マザランが遺言で推薦した切れ者で、その後、長くルイの親政を支えることになる財務官ジャン・バティスト・コルベールの方針もあり、できるだけ豪華な衣装を流行させることで、国内の産業を振興したのだといわれる。とはいえシャポー（帽子）のツバに羽根をびっしりと飾り付け、ラングラーヴ rhingrave というキュロットスカート状の半ズボン【図4-3】を穿き、バレエの身ごなしで踊るように闊歩する姿は両性具有的で、彼個人の美意識や好みを多分に反映していた。

ルイは親政を開始した直後に、ずっと権勢を誇っていた財務卿ニコラ・フーケを逮捕し、没落させた。権限が大きすぎる財務卿ポストを廃止し、コルベールを財務総監に任命してこれに代えたのである。それから、フーケが自分の豪邸建設のために抱えていた有能な建築家や美術家を残らず雇い入れた。そして着手したのが、ヴェルサイユ宮殿の造営である。

「三銃士」スタイルから「ペルシャ風」に

さて、当時は男性の貴族や軍人も、みんな装飾で飾り立て、ハイヒールを履いていたが、正直に言って、これではおよそ戦争に向かない。リボンやフリルをひらひらさせての戦争、というのは、当時としてもかなり違和感があった。

ところで、フランス軍にもこの当時、一応、制服らしきものは存在した。特に有名なのが、アレクサンドル・デュマが書いた小説『三銃士』で知られる王室近衛銃士隊のものである。小説は、ガスコーニュの田舎から出てきた青年ダルタニヤンが、アトス、アラミス、ポルトスの三人の王室銃士と知り合って大活躍する活劇だ。悪役はルイ一三世の権威をないがしろにする宰相リシュリューで、銃士たちは王妃アンヌの首飾りを巡って陰謀に巻き込まれていく――というストーリーだが、史実を反映しつつも、お話は全くのフィクションである。一方でダルタニヤンと三銃士には実在のモデルがおり、先に記した財務卿フーケの失脚劇で、フーケを逮捕して護送したのは銃士隊長代理のシャルル・ダルタニヤン（彼の本名はシャルル・ド・バッツ・カステルモールだが、近衛隊に在籍した祖父の名にあやかり、実際にこう名乗

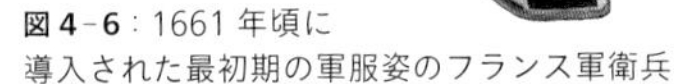

図4-6：1661年頃に
導入された最初期の軍服姿のフランス軍衛兵

図4-3：ラングラーヴ姿の貴族

っていた）という人物だった。

映画やテレビでは、ダルタニヤンや三銃士は決まって青いタバードtabard（マントのような陣羽織）**【図4-4】**を着て登場する。しかしルイ一三世やリシュリューの時代を描くのなら、これは時代考証的に間違っている。デュマの小説が書かれたのは一八四四年のことで、挿絵画家が緻密な考証を怠ったらしい。近衛銃士隊は一六二二年に創設された部隊で、当時、急速に活用が進んでいたマスケット銃兵をフランスでも組織化しようというのが設立の理由だった。だから、ドラマに出てくるような派手なチャンバラは本来、専門外である。国王直属部隊を由来とする第一中隊と、リシュリュー直属の部隊がルーツの第二中隊があった。王室直属の衛兵の中では最も格下だったが、そのために入隊審査は甘く、一般の人気も高かった。

例の「青いタバード」が採用されたのは一六五七年のことで、フロンドの乱が終わった後のルイ一四世の時代である。フーケを逮捕した際のダルタニヤンは、この制服を着ていたはずだ。一六六五年からはさらに丈の長いカソックcassockという上着**【図4-5】**に進化する。これは火縄や銃を風雨から守るために一七世紀の銃兵が好んで着用したもので、グスタヴ二世アドルフのマスケット兵の一部も着用していた。この一六六五年以後、銃士隊のカソックには、ルイ一四世にちなむ赤い太陽の紋章が加わることとなった。しかし、一六八〇年代に入ると、このようなマント状の上着は姿を消すことになる。

その背景として、この時期に新しいタイプの軍服が急速に普及したのだ。三十年戦争で、スウェーデンやドイツでは軍服の着用が進んだが、フランスはこの点では後進国だった。コンデ公の部下の将校や騎兵は甲冑を身に着けており、フランス軍の所属を示す目印としては、腰に巻くか、タスキのように首にかける白いサッシュだった。

グスタヴ二世アドルフが推奨した軍服は、丈が短いハンガリー風の上着、と呼ばれていた。これに対し、丈が長いロングコートは東欧風とされ、グスタヴ・アドルフは「そのような姿で新兵が入営しないように」たびたび本国連隊に指示を出していた。ところが流行というものは、あるときを境に一変するもので、田舎くさいと思われていた長い上着が、一六六〇年代以後、最新のファッションとしてフランス軍に流行ってきたのである。

それは「ペルシャ風」とか「東洋風」の上着と呼ばれた。上着だけなら、それまで人気のなかったポーランドやリトアニアあたりの「東欧風」の服とさして変わらない。しかし、ペルシャ風の服装は、アビ habit の下にもう一枚、上着と同じぐらい丈が長く、袖も長い中間着を着ていた。これをベスト veste と呼

図4-4：銃士隊のタバード

図4-5：銃士隊のカソック

ぶ。その後、ベストの袖がなくなり、丈も短くなったものを、フランスではジレ gilet と呼ぶようになった。しかし他国では、これもベストと呼ぶことが多かった。つまり、上着とベストの組み合わせの登場であり、かつて中世のダブレットの時代に生まれた「三つ揃え(スリーピース)」が欧州で復活した、ともいえる。現代のスリーピース・スーツの直接の原点といえるのが、この着こなしである。

この時代、今のイランに当たる地域にサファビー朝ペルシャがあった。このペルシャの人たちが、長めの上着を着て、下にはもう一枚、同じぐらいの中間服を着る服装をしており、同時代のぶくぶくしたダブレットを着込んでいたヨーロッパの人たちに比べると、ずっと実用的で、動きやすい姿だった。実はこの時期、世界は寒かった。中世の間、地球は温暖化していたが、一四世紀頃から寒冷化が進み、一六世紀には小氷期(ミニ氷河期)に入った。ロンドンでは、冬になるとテムズ川が凍結したそうである。そんなこともあり、ペルシャ風の服装の評価が高まっていた。オランダ、フランス、イギリスと同盟関係にあったサファビー朝の文化は、欧州には早くから伝わっていた。

一六六一年に親政を始めたルイ一四世は、陸軍大臣ルーヴォア侯ミシェル・ルテリエに命じて軍制改革に取り組み、すぐに軍人の服装を改めさせた。他国の動きも知っていたので新型の軍服を導入しようとしたのである。イエズス会の僧侶ガブリエル・ダニエル神父が一七二一年に刊行した『フランス民兵史』によれば、王室軍の主力部隊であるフランス衛兵隊に制服が導入されたのは「一六六一年か、その直後」であり、欧米の軍装研究者もこれを根拠に、この年にフランス軍が最初に東洋風の制服を(実際の普及はともかく)採用した、としている【図4-6】。それは「兵士は銀モールのある灰色のアビ(上着)、将校は銀の刺繍がある赤い上着」で、このアビ habit という言葉は、東洋風の長い上着を指している。

一六六一年七月に、フランス軍の歩兵科上級大将 colonel général エペルノン公が亡くなった。同年三月から親政を開始したルイにとって、それはもっけの幸いだった。上級大将は、フランスでは兵科の最先任の将軍の意味である。それまでのフランス軍では、国王は軍に直接の命令は一切出せず、上級大将が全てを取り仕切っていた。将校の任免権も上級大将が持っており、もちろん売官による収入もこの将軍に入る。役所の官職や軍の階級を金で取引する売官は、リシュリューが宰相に就く以前に制度化された悪弊であった。

エペルノン公が死亡してすぐ、ルイは各連隊に連隊旗を下賜し、以後は国王が軍に直接、指示を出すことを宣明した。一六六二年から六三年の閲兵では、間違いなく各種の古文書でフランス軍の制服導入が目撃されている。

図4-7:ステーンケルケの戦いの記念画。クラバットを乱したフランス兵が奮戦している

だから、一六六一年にルイが「東洋風の軍服」を指示した、という定説は正しいと思われる。王命による制服導入は、王による軍の掌握を示すと共に、軍紀粛正の一環であったことは言うまでもない。

ただし、正式に王令 ordonnance として制服の規定が出始めるのは一六七〇年頃で、一六八四年に全軍統一的な規定が定まってきて、正式な書類として制服規定が出たのは、一七〇四年とされている。この年までは、国王から個別に命令が出ており、現場の服装は非常にまちまちで、かなり自由も利いたようである。

フランス衛兵隊は初めの灰色の制服から、一六八五年には青と白、赤の三色を配した軍服に変更しており、フランス革命期の一七八〇年代までこの基本色は変わらなかった。

　また、この時代のフランス軍人は、首にクラバットを巻きつけるのが標準化した。ルイ一四世自身も早くからクラバットを好み、七歳の頃からよく着用していたという。

　ルイの対外侵略を恐れたドイツ諸侯、オランダ、スウェーデン、スペイン、英国などがアウクスブルク同盟を結んでフランスと敵対する中、一六九二年八月三日、現在のベルギーにある町ステーンケルケ（フランス語名スタンケルク）の戦いで、敵の奇襲を受けて、乱れたクラバットのまま奮戦したクロアチア連隊の活躍が国民に知れ渡った【図4-7】。それで、わざと乱れた状態でだらしなく結ぶスタンケルク・クラバットという結び方が一般的になった。

　帽子としては、フェルトの三角帽トリコルン tricorne【図4-8】が普及していった。当初はグスタヴ・アドルフの帽子のように、一方だけを折り返すのが普通だったが、銃の操作のために三方向のツバを折り返した結果、一八世紀に入る頃には、図4-8のような形に落ち着いたものである。王の命令により、軍務では黒い帽子を被ることが定められた。

図4-8：三角帽の変遷

　フランス軍では装備の近代化も進み、一六八四年頃から、中世以来長く使われてきたタスキ型の剣吊りバルドリックが廃れて、腰のベルトから剣を下げる新型の剣帯に置き換えられた。翌八五年頃から、銃口に着剣して、小銃を槍のように使える銃剣が普及し始める。一六九九年末に火縄銃が全廃され、火打ち石で点火する燧石（すいせき）銃に切り替わった。一七〇三年にはパイク（長槍）も姿を消した。激戦だったステーンケルケの戦いで、パイク兵が皆槍を投げ捨て、倒れた友軍銃士の銃を拾って戦った、という報告を受けたルイ一四世は、もはや銃の性能が上がったため、長槍が時代遅れであることを悟ったという。

　一六六一年以後、フランス軍はくじ引きによる選抜民兵制度で事実上の部分徴兵制度を始めた。徴兵制度は膨大な軍隊の編成を可能とする。フランス陸軍は、ルイ一三世の時代には六個連隊二万人弱であったが、一六七二年には一七万人、七八年には二八万人に達し、ルイの治世が終わる一七一五年には四〇万人を数えた。同時代のオーストリア陸軍は一〇万人、英陸軍は七万人ほどである。このように、当時、欧州で最大規模のフランス軍が近代化を推進する中で、近代的な軍服も大量に必要となった。四〇万人の兵士には四〇万着の軍服が必要なのだ。これを推進するため、一六六六年の王令で、軍服の代金を兵士の給与から天引きすることを制度化した。

フェミニン・ファッションの終焉

　さて、海を越えた英国では一六四二年に勃発した清教徒革命により、四九年に国王チャールズ一世が刑死し、オリヴァー・クロムウェルによる独裁体制が築かれた。その間、国外亡命していた王太子チャールズは、クロムウェルの死を経て、一六六〇年にロンドンに戻り、チャールズ二世として即位した【図4-9】。

　初めはチャールズも、ルイが流行させたファッションを大いにもてはやした。つまりフリルやリボン、羽根飾りをあしらい、ハイヒールを履くようなフェミニンな服装である。しかし、当時の造園家ジョン・イーヴリンの日記によると、即位から六年後の一六六六年一〇月一八日に「国王陛下は初めて東洋風の衣装を厳粛に着こなして宮中におでましになった。これまでのダブレットや堅苦しい付け襟（中略）を棄て、ペルシャ風の美しい衣装に変更され、靴ひもや靴下留め（中略）の代わりに、バックルを使われた。今までの、金

図4-10：王室庭師からパイナップルを献上されるチャールズ2世。ペルシャ風の衣装を着ている（1675～80年頃）

図4-9：英国王チャールズ2世（ライト画）

図4-11：晩年のフランス王ルイ14世とその家族（1715年頃）

と時間ばかりかかり、評判の悪かったフランス風のモードをお見捨てになった」と書かれている。さらに翌月の海軍省書記官サミュエル・ピープスの日記には「フランス王はイングランド王の挑戦を受けて立ち、軍隊の全兵士の制服にベストを加え、貴族たちにも同じようにせよ」と命じたとの記述がある。

記録を見れば、一六六六年にはすでに、少なくとも軍装としてはフランスで「東洋風」あるいは「ペルシャ風」の服装はかなり普及していたはずである。しかし宮廷衣装として採用したのは英国王チャールズ二世の方が早かった【図4-10】。いずれにしてもチャールズは、ルイ一四世が推奨した装飾過剰なファッションを廃止して、英国で自給できるウールのペルシャ風衣装を採用したかったのだ。

時代の流れには逆らえず、ルイ一四世もサテンや絹を用いたフェミニン・ファッションを諦めて、自分自身も含め、宮廷の一般貴族の服装をペルシャ式に改めることとなった【図4-11】。これから一〇〇年以上にわたって、ペルシャ風の服装が欧州全域で標準的な紳士服として用いられることとなる。この種の服装をジュストコール justaucorps と呼ぶ。

一七一五年九月一日朝、ルイ十四世は七二年間に及ぶ治世を終えた。その前夜、彼はこう言ったという。「余は戦争を愛しすぎた（J'ai trop aimé la guerre）」。彼は五四年間の親政期間のうち、三四年間も戦争を続けたのである。

5章 ウィーン包囲——有翼騎兵と肋骨服

天使の翼を持つ騎兵

一六八三年九月一一日、ハプスブルク家の本拠地、オーストリアの首都ウィーンはオスマン帝国の一五万の大軍に包囲されていた。オスマン軍の総司令官カラ・ムスタファ・パシャ【図5-1】はオスマン皇帝メフメト四世の信任も厚く、帝国大宰相として全権を委任されており、各地の戦いで勝利を重ね、建国以来、最大の版図を築き上げていた。一五二九年にスレイマン大帝が包囲して攻めあぐねたウィーンを攻略すれば、彼の名声はまさに不朽となるはずだ。一方の神聖ローマ帝国は三十年戦争のためにすっかり力を失い、皇帝レオポルト一世はウィーンを脱出して、キリスト教諸国に救援を呼びかけていた。七月一四日から続く包囲戦で、守備隊の指揮官エルンスト・リュディガー・フォン・シュターレンベルク大将【図5-2】が率いる一万数千の将兵は、半数が倒れるか行動不能で、弾薬も欠乏し、降伏は時間の問題だった。

この日の朝、背後の渓谷を抜け、ウィーンを見下ろすカーレンベルク高地に神聖ローマ帝国同盟軍が到着した。バイエルン軍八〇〇〇、ザクセン軍九〇〇〇、ロレーヌ公シャルル五世のオーストリア軍二万。さらにハノーファー公国の世継ぎゲオルク公子が

図5-1：大宰相カラ・ムスタファ・パシャ

図5-2：シュターレンベルク大将。ウィーン守備隊の指揮官だった

六〇〇〇の騎兵を引き連れていた。このゲオルクとは、後の英国王ジョージ一世のことだ。この他に、フランスから駆け付けたサヴォイア公子オイゲンがいた。後にオーストリア最高の名将となるプリンツ・オイゲンである。フランス王ルイ一四世は宿敵ハプスブルク家の弱体化を望んでおり、オスマン帝国とは同盟関係にある。フランス軍に入隊しようと望んでいたオイゲンは、なぜかルイ一四世から嫌われ、冷遇されていたので、この際、フランスを見限って同盟軍に参加してみよう、と思い立った。彼は後々、大いにフランス軍を悩ませることになる。

　これとは別に、ポーランド王ヤン三世ソビエスキが率いる一万八〇〇〇の兵があり、右翼に布陣することになっていたが、いまだ戦場に到着していなかった。ロレーヌ公領は先年、ルイ一四世に占領されフランス領となり、ロレーヌ公シャルルは領地がない状態だった。皇帝レオポルト一世は、ポーランドに圧力をかけてヤン三世を退位させ、代わってシャルルをポーランド王位につけようと画策したことがある。そんな因縁がらみの二人だったが、ここはロレーヌ公が折れて、同盟軍の最高指揮官はヤン三世、ということで話はついていた。

　翌一二日の早朝五時。左翼に展開した同盟軍とオスマン軍の小競り合いが始まり、午前一〇時までにドイツ諸侯軍は前進拠点を確保した。午後二時になって、深い森林地帯を悪戦苦闘しながら抜けてきたポーランド騎兵隊が、ようやく高地の右翼に姿を現した。ここでロレーヌ公は前進をためらう。ようやく味方もそろったところで、総攻撃は明日にするべきではないか。しかしザクセン軍のフォン・デア・ゴルツ元帥が進言した。「神は勝利への道を示しておられます。鉄は熱いうちに打て、ですぞ」。これを聞いてロレーヌ公は「いざ、進もう！（Allons marchons!）」と叫んだ。

　午後五時頃、バイエルン軍がオスマン軍の本陣を脅かす地点まで進出した。カラ・ムスタファは、預言者ムハンマドから伝わる貴重な聖旗が、キリスト教徒に奪われることを恐れて動揺した。その機をつかんだヤン三世は、突撃を決心した。

「主とマリアよ、守りたまえ！（Jezus Maria ratuj!）」。ポーランド軍が誇る有翼騎兵隊が雄叫びを上げて高地から駆け下り、決定的な一撃を加える。重装騎兵の大群は、圧倒的な強さで敵を踏みつぶした。イェニチェリ（オスマン皇帝親衛隊）の奮戦で大事な聖旗は守れたが、一時間ほどでオスマン軍は潰走し、午後一〇時にはすべての残敵が掃討された。七万余のキリスト教側が、一五万のオスマン軍を破るという、奇跡的な逆転勝利だった。

　翌日、シュターレンベルクはヤン三世を抱擁し、「あなたはキリスト教世界の救世主だ」とたたえた。ヤン三世は得意満面でウィーンに入城し、カエサルの名言、「来たり、見たり、勝てり」をもじって「来たり、見たり、神は勝てり」と言った。しかしロレーヌ公は、皇帝が帰還する前に凱旋パレードをするヤン三世の自己顕示欲に、いささか鼻白んでいた。

　すぐにレオポルト一世もウィーンに到着し、ヤン三世と会見した【図5-3】。ヤンとしては、これを機に、息子のヤクプとレオポルトの皇

図5-3：ポーランド王ヤン３世ソビエスキ（中央左）と、皇帝レオポルト１世の会見

女とを縁組みさせ、息子の将来の安泰を図りたかった。ポーランド王位は選挙で決まるので、息子といえども必ずしも王位を世襲できないのである。だが皇帝は、その場に同席した一六歳のヤクプを冷たく無視し、ヤン三世は気分を害したという。しかし、これでポーランドはオスマン帝国と戦う同盟に正式に加盟することとなり、ヤン三世はオスマン帝国との戦争にのめり込んでいくことになる。

大宰相カラ・ムスタファはセルビアのベオグラードで再挙を図ろうとしたが、待っていたのはメフメト四世からの意外な勅命であった。彼は敗北の責任を取って、死を賜ることになった。「わしが死ぬのか？　……アッラーがお喜びになるなら」とつぶやくと、彼はイェニチェリの二人の兵士が左右から引っ張る絹のヒモで首を絞められ、息絶えた【図5－4】。

図5－4：大宰相カラ・ムスタファの処刑

プリンツ・オイゲンはシュターレンベルク元帥の推薦で正式に皇帝レオポルト一世に仕えることになった。数年後、モハーチの戦いでロレーヌ公、オイゲンらの軍はオスマン軍を壊滅させた。これで民心を失ったメフメト四世は退位を強要され、監禁生活の余生を送ることになり、オスマン帝国も衰退への道をたどることとなる。

ポーランド重装騎兵フサリア Husaria【図5－5】は、背中に立てた巨大な天使の羽のような装飾スクジドゥォ Skrzydlo で有名だ。それで、英語圏では有翼騎兵ウィングフッサーと呼ぶ。まさに「キリスト教世界の救世主」にふさわしい身ごしらえだ。武装も強力で、小旗を飾った五メートルを超えるコピア Kopia（長槍）を構え、左腰には東洋風の湾曲の強い軍刀シャブラ Szabla を吊り下げる。これは一八世紀以後、欧州各国に普及するサーベル（騎兵刀）の原型である。それまで、欧州の刀剣は、中世の騎士たちが愛したまっすぐなタイプばかりで、反りがあるオスマン風の刀はまだ珍しかったが、馬上から斬り付けるには最適の形状と言えた。さらに馬体には二メートルにも及ぶ長剣コンツェルズ Koncerz を横たえているが、これは距離のある敵を突き刺すために用いた。鞍の前方、馬体の左右に二挺の拳銃バンドレット Bandolet を装備し、銃器を使った戦闘にも対応できた。兜も東洋の影響が強いシシャク Szyszak というもので、突撃時には顔面を守るガード（鼻当て）を下ろして装備できた。敵の矢を避けるために、左肩には盾代わりのヒョウの毛皮をマントのように羽織った。

軍の指揮を執るヘトマン（司令官）たち【図5－6】は、豪華な生地で作った東洋風の長い上着ズパン Zupan を着込み、マントを羽織って出撃した。彼らの手には、ブワヴァ Bulawa と呼ばれる、先端が球状の棍棒のようなものが握られていたが、これは元来、戦闘用の棍棒が指揮官の象徴になったもので、西欧の国々でいう元帥杖（元帥が手にする指揮杖）に当たる。

全体的に、ヨーロッパというよりもオスマン軍の様式から強い影響を受けた、当時としてはエキゾチックといってよい軍装だったから、ドイツ諸侯の軍の将兵も、目を見張っただろうことは想像に難くない。

ポーランド騎兵の強さは伝説的なもので、スウェーデンのグスタヴ二世アドルフは、メーへの戦い（一六二六年）でこれを阻止するために、銃兵を活用した。この戦い以後、マス

図5-5：ポーランド重装騎兵フサリア
（いわゆる有翼騎兵）

図5-6：ポーランド軍のヘトマン（司令官）

図5-7：ステーファノ・デッラ・ベッラによるポーランド有翼騎兵のエッチング画（1648～50年）

図5-8：ヤン３世ソビエスキ。
東洋風の魚鱗甲を着ている
（シュルツ画、1677～80年）

図5-9：オスマン皇帝親衛隊イェニチェリの
軍団長（馬上）と兵士

ケット銃兵を重視するだけでなく、騎兵の突撃も重く見て、自分自身は騎兵部隊の指揮を執り続けたことをみても、ポーランド騎兵がいかに強い印象を彼に与えたかが理解できる。なお、彼がポーランドとの戦争に突入したのは、二代前のスウェーデン王ジギスムントがポーランド国王を兼ねたことを根拠に、その後のポーランド王がスウェーデン王位を主張し続けたためである。

とりわけ目立つ背中の翼が、記録上ポーランド騎兵に取り入れられたとわかる最古の記録は一五七四年のものだ。七二年に、それまでポーランド王位を世襲してきたヤギエヴォ家が断絶し、ポーランド貴族による議会は、国王を公募による選挙制で選ぶことを決めた。そして国王選挙で選ばれたのが、フランス王家からやってきたアンリ（ポーランド名ヘンリク）である。アンリに随行してきたジュレ・ド・ヴィルモンテは「この国の騎兵は馬に大きな特製の装飾を取り付ける。それは我々の国でするようなダチョウの羽飾りではなく、ワシの羽根を取り付けた巨大で濃密なもので、明らかに姿を偽装するか、人々を威圧するためのものである」などと記している。つまり騎兵の姿を大きく見せ、敵を脅えさせるのが目的だろう、というのだ。さらに、巨大な翼はたくさんの鳥の羽根が風を切って轟音をとどろかせる。多くの騎兵がごうごうと音を立てて突撃すれば、甚大な威嚇効果があったのではないか、というのも一般的に唱えられる説だ。

それより以前、一六世紀初めの東欧の騎兵は手に盾を装備しており、そこに翼の絵柄を描いていた。やがてオスマン帝国傘下のセルビア騎兵などが、腕に翼のような防具を取り付けるようになる。つまり当初はオスマン軍の騎兵が翼の初期型を付けていたのである。その影響を受けたポーランド騎兵は、一六世紀後半には、馬体あるいは鞍に翼を装着するようになっていた。国王アンリ付きのフランス人一行が見たのも、この頃の「有翼騎兵」であろう。その目的は、やはり軍装に威圧感を加えることと、また敵が騎兵を捉えようとして投げてくる投げ縄を使いにくくする、という効果も期待されたという説がある。

なお、国王アンリはその後、兄の急逝を受けてポーランド王位の責任を投げ出し逃亡、フランスの王位を継いでアンリ三世となったが、宗教対立により暗殺され、フランスのヴァロワ朝は断絶してブルボン王家が登場することとなった。

時代は下って一六四五年、ポーランド王ヴワディスワフ四世が、婚約者を迎えるため、パリに派遣した使節団に属していた一人の有翼騎兵の姿のスケッチが残っており、これが絵画資料としては最古の一枚となる。版画家ステーファノ・デッラ・ベッラが描いたエッチング画【図5－7】には、騎兵の上半身の二倍はありそうな、巨大な翼を一本だけ、背中に取り付けた状態が描写されており、翼の素材はダチョウの羽根のようだ。

これが、背中に天使の翼を二本立てた、最も有名な有翼騎兵の姿になったのは、ヤン三世ソビエスキ王の時代ということになるらしい。ヤン三世は元々、有能な軍人として名を馳せてきたが、一六七三年にオスマン帝国との戦闘に勝利して、翌年、国王に選出された。一六八三年当時にはすでに最盛期を過ぎて五〇歳を超え、肥満のために自力では馬にまたがれない状態だったとも伝わる。しかし彼が精強なポーランド騎兵部隊をより近代的に組織し、装備や戦術を統一させたことは間違いないようだ。

ヤン三世自身は東洋の影響が強い魚鱗甲（ぎょりんこう）（ラメラー・アーマーの一種）を着てブワヴァを構え、有翼騎兵の先頭に立ってウィーンの戦いで花を咲かせ、数々の名画のテーマにもなった【図5－8】。

一方で、「天使の翼」は戦場では装着していなかったのではないか、という説も根強くある。つまりあくまでもパレードや行軍のときに着けるもので、実戦では外していたのではないか、というのだ。そうなると、多くの名画に描かれる有翼騎兵の突撃シーンも、その場面では「有翼」ではなかったことになる。このあたりは、いずれの説をとるにしても決

図5-10：皇帝から賜った食事を運ぶイェニチェリの兵士たち。中隊長は大きな分配用のスプーンを担いでいる。1809年頃制作の絵画（英外交官ストラトフォード・カニング収集の画集から）

定的な根拠が見当たらない部分だ。しかしこの場合でも、ヤン三世が得意満面でウィーンに入城し、キリスト教世界の救世主だ、とたたえられた際や、皇帝レオポルト一世と会見した時には、間違いなく騎兵たちの背中に巨大な翼があったはずである。

オスマン帝国から広まった肋骨服

ところで、この当時の世界最強国家であったオスマン帝国の軍装からは、その後の欧州、さらには世界の軍服に強い影響を与えた様式があった。それは肋骨服と呼ばれるもので、フランスではドルマンDolmanと呼んだが、これはトルコ語の上着ドラマンから来ている。胸の左右にボタンと装飾ヒモが何本も並ぶ華やかなデザインで、アバラ骨のようにも見えるので、日本では肋骨の名をつけた。また、ドイツ語圏ではむしろアッティラAttilaという通称で知られるが、これは古代ローマ帝国を崩壊に導いたフン帝国の君主アッティラにちなみ、凶悪な東洋の軍服、という意味合いである。

皇帝親衛隊であるイェニチェリ【図5-9】はエリート部隊なので、背の高いビョルクという帽子にカシュクルクという帽章を付けて目印にしていた。イェニチェリに限らず、一般にオスマン軍の帽子は極端に背が高いが、これは兵士の体格を大きく見せるためである。一般の兵士は白いビョルク、皇帝の副官は赤いビョルクを被った。帽章はスプーン形であったが、これは「皇帝と同じ釜の飯を食う」（実際に一日一回、皇帝から賜った食事を大鍋から食べた）というイェニチェリ独特のプライドを示していた【図5-10】。

しかし肋骨服はそんな中でも特別な扱いだった。オスマン帝国では歴代皇帝や皇族、イェニチェリの中でも皇帝の警護に当たる直属の衛兵、イェニチェリ兵士を監督する政治将校、行政官などが身に着けるもので、後年になってくると、一般的に高級将校クラスが着用したようだ。つまり本来は高位の人の服装で、誰もが着ていたものとはいえない。なお、当時のオスマン軍では近代的な服制があったわけではなく、個々の皇帝の好みでお仕着せをそろえるもので、一九世紀になるまで、西欧的な意味のレギュレーションは存在しなかった。

強力な敵の服装は、これに苦しめられた相手方にも深刻な印象を与えるものだ。この肋骨服はポーランド貴族たちも好んで取り入れ、上着ズパンのデザインに採用したが、とりわけ真似したのが、オスマン帝国に敗北して国を追われたセルビア騎兵で、彼らはさらにハンガリー騎兵となり、一六九二年には一部がフランス軍に入ってユサールHussard【図5-11】と呼ばれるようになる。一般に軽騎兵、あるいはハンガリー軽騎兵などと呼ばれる兵科である。

図5-11：ユサール
（ナポレオン時代のフランス軍のもの）

彼らはドルマンの上に、当初はオオカミなどの毛皮のマントを羽織った。ポーランド騎兵と同じく、一定の防御性を狙ったものだが、やがてドルマンとほとんど同じデザインの上着をもう一枚作り、毛皮で裏打ちした上で、マントのように左肩に引っかける、という奇妙な着こなしをするようになる。これはそもそも、垂れ袖の上着を好んで着るオスマン兵のファッションを模倣したともいわれる。この上に羽織る上着はプリス Pelisse という。頭にはカルパック帽という毛皮の帽子を被るが、これもオスマン風の背の高い帽子で、そもそもポーランドなどの東欧から流行してフランス、さらに全欧州にもたらされた様式だ。膝までの長さのハンガリー風ブーツやぴったりしたハンガリー風乗馬ズボンなど、その後の欧州の騎兵の基本スタイルに影響を与えた要素も多い。当然、腰に下げるのは東洋風の湾曲刀、サーベルである。サーベルと一緒にフランス語でサーブルタッシュ（ドイツ語ではゼーベルタッシェ）と呼ばれる小さなカバンをぶら下げた。これは本来、地図や書類を入れるものだが、徐々に部隊番号などを示す装飾品となっていった。肋骨に付属するボタンの数は、時代により、階級や部隊によって相違した。彼らにおいては、軽騎兵は全てがエリートで、下士官兵に至るまで肋骨服を着るべきものであった。

　その後、フランス軍軽騎兵連隊の兵士は、実際にはハンガリー出身者は減少してフランス人やドイツ人などが主流となるが、彼らのエキゾチックな軍装はずっと変わることなく、ナポレオン時代には華麗さの最盛期を迎える。また、一九世紀には騎兵だけでなく、砲兵なども肋骨服を着るようになり、やがてフランス陸軍のほぼすべての兵科、さらに遠く離れた一九世紀の日本陸軍にまで影響を及ぼすことになるが、それはまた後の話となる。

　さて一方の有翼騎兵の栄光ある歴史は、ヤン三世の時代が終わる頃には陰りを見せる。その後、徐々に近代的な銃火器の普及で活躍の場を狭めたポーランド重装騎兵は縮小され、一七七五年には完全に解隊した。その後は、新たに編成されたウーラン（ポーランド槍騎兵）に道を譲ることとなる。一六九六年にヤン三世は六六歳で亡くなるが、彼がオスマン帝国との戦いに没頭しているうちに、旧領プロイセンは完全に独立し、まもなくプロイセン王国の誕生をみる。やがてこのプロイセンとロシア、オーストリアの圧力でポーランド王国は滅亡する。また、彼の長男ヤクプは、結局、国王選挙に敗れてしまった。次の国王にドイツのザクセン選帝侯を迎えたことも、ポーランドの亡国を早めていく原因のひとつとなった。

6章

フリードリヒ大王と「プルシャン・ブルー」の時代

ナショナルカラー（国家色）の登場

スウェーデン王グスタヴ二世アドルフが近代軍服を制度として定めて以来、連隊ごとに色を統一する、ということはすぐに広まったが、徐々に国軍ごとの基本色を決める方向に向かう。それは近代的な国民国家の成立が近付くにつれて、明確な動きになっていった。

●英国　スウェーデン軍に参加して三十年戦争の過酷な実戦を経験したイングランドやスコットランド出身の将兵は、グスタヴ・アドルフ王が一六三二年にリュツェンで戦死してから数年のうちには大陸を離れ、ほとんどが英国に帰還した。スウェーデン軍にいたサー・ジェームズ・スペンス少将が、同軍の軍服の実態を英国王チャールズ一世【図6－1】に書き送っていたことは3章でふれた。なお、スペンスは敬愛するグスタヴ・アドルフの戦死に甚大なショックを受けたといわれ、三二年のうちに亡くなっている。

図6－1：チャールズ1世（マイテンス画、1629年）。まだ中世的なダブレット姿だ

一六四二年に始まった清教徒革命と、その後の内戦に、当然ながら三十年戦争帰りのベテランの多くが関わることになり、大陸から持ち帰った、騎士道精神のかけらもない戦法や戦術が、内戦を一層激化させたという。装備や服装の統一化というアイデアもその中に含まれる。最も有名なのが、オリヴァー・クロムウェルが創設したニューモデル・アーミー（新式軍）【図6－2】で採用した赤色の統一色で、一六四五年二月のことと伝わる。古代ローマ時代から、ブリタニアは赤い染料の元となるカイガラムシの特産地だった。初期には歩兵連隊は白い識別色を、同年五月からは連隊ごとの識別色を襟や袖口に付けるようになった。

一六四九年のチャールズ一世の処刑と、その後のクロムウェルによる独裁、その死を経て、一六六〇年の王政復古でロンドンに戻ったチャールズ二世は、仇敵クロムウェルの遺体を掘り出して晒し者にする一方で、自分の復帰を支持してくれたニューモデル・アーミー関係者に敬意を払い、近衛連隊の軍服を赤とした。これが現在でもバッキンガム宮殿を守る近衛兵が着ているレッドコート（赤い制服）の由来である。以後、赤色は英陸軍全体の統一色となった。結果として、内戦時に遡れば、ナショナルカラーとしてはっきり年代がわかる最古の事例は、一六四五年に英国で生まれた赤色というのが定説となるのである。

●スウェーデン　近代軍服の元祖であるスウェーデン軍も、フランスなどで起こったさらなる近代軍制と軍服の改良に応じて、変化を遂げた。改めてフランスと同盟を結んだ国王カール一一世は、その当時、ルイ一四世が推奨していた、いわゆるペルシャ風の「新型軍服」四着を贈られたが、これらは今でもストックホルムのスウェーデン陸軍博物館に残っている【図6－3】。それは全て青い上着で、赤いカフス（袖の折り返し）などを付けていた。一六八二年、カール一一世は新たな国民軍カロリナーを創設するにあたり、フランス式の軍装を参考にして、青い上着に黄色いカフスに黄色いベスト、白い半ズボン、黒い三角帽といった軍服を制定した。以後、青と黄色という国旗の配色が、スウェーデン軍服の基本色として固定化していった。

●プロイセン　スウェーデン軍のプロイセン侵攻を経て、ポーランドの支配から離れたプロイセン公国も、その後青色を採用した。フリードリヒ三世がブランデンブルク選帝侯およびプロイセン公になった一六八八年か、その直後の時期だと思われる。フリードリヒ三世は一七〇〇年、神聖ローマ皇帝レオポルト一世に兵力提供を約束する見返りに、「プロイセンにおける王」という称号を名乗ることを認めさせた。正式な神聖ローマ帝国内の国王ではなく、最近まで外国だったプロイセンの中でなら王と名乗ってもいい、という微妙なニュアンスである。

　こうしてプロイセン王国が誕生し、フリードリヒ三世は一七〇一年に「プロイセンにおける王」フリードリヒ一世となった【図6−4】。一七〇六年にベルリン近郊で紺青色（フェロシアン化第二鉄）の顔料の化学製法が発明されるとプルシャン・ブルーと命名され、これを使ったプロイセンの青い軍服も同じ名で有名になり、やがて欧州全体を大いに揺るがすことになる。

●ロシア　近代国家として成立したばかりのロシア帝国では、ピョートル大帝（一世）【図6−5】が色々と試行錯誤しながら改革を推進していた。近代的な国軍の整備は何よりも急務だった。この国の軍服の基本色として有名な緑色が初めてお目見えしたのは、一七〇二年末の閲兵式とされている。ただし、最初から統一色だったとは思われず、むしろこの時点での正式な礼装は赤だったようだが、少なくとも近衛連隊で緑を採用したのは確実だ。当時、ピョートルは新しい軍服の基本として、ハンガリー風の肋骨服とするか、フランス風のジュストコール型にするか検討した末、より西欧的なフランス風を取り入れることに決めた。そして、近衛連隊の色に緑を指定した。ピョートルの個人的な好みを反映したのは間違いなく、以後、ロシア軍の緑色は「ツァーリ・グリーン（皇帝の緑）」の異名を持った。さらにピョートルは、一八世紀に入ってドイツ諸邦で流行し始めていた、乗馬服タイプの軍服をドイツ風と称して一七〇三年に採用している。フランス風より前合わせが深く、ボタンが多い形式である。

　一七六二年にエカテリーナ皇后が自ら緑の近衛連隊の軍服を着てクーデターを起こし、女帝エカテリーナ二世として即位した【図6−6】。その後、厳寒期用の外套（オーバーコート）で広く緑色が使われ、ロシア軍は緑というイメージが広まる。一七九七年にロシア全軍の国家色として正式に定められた。

●オーストリア　神聖ローマ帝国の本家、オーストリア大公国の軍服といえば白色である。しかし、どう考えても実用上、問題のある白を採用するにあたり、何か意識的な理由があったわけではなく、一八世紀の初めに周辺の国が統一カラーを決めていく中で、「何も染色していない羊毛」の生地、つまり灰色の軍服を使い始めたのが原点であるらしい。

一七四〇年にマリア・テレジアが即位した際に白色が公式に定色とされた。もちろん汚れが目立つ色だが、兵士たちは色調など考慮せずに、ひたすら漂白粘土で白くすればよく、意外に管理は楽だった。一二世紀以来、大公国の前身オーストリア公国の軍旗の色として使われてきた赤と白を反映し、一七六〇年代から礼装は白い上衣と赤いズボンとなり【図6−7】、騎兵科でも赤いズボンを使用した。一七九八年以後に採用した灰水色の野戦装は、アメリカ南北戦争の南軍の「灰色の軍服」に影響を及ぼした。ナポレオン戦争後のオーストリア帝国では、将官の常装として、黒いズボンにドイツ式の赤い三本線を入れるようになった【図6−8】。

●フランス　軍服の近代化にいち早く取り組んだフランス陸軍は、かえって国としての統一カラーを定めるきっかけを失ったようだ。近衛連隊、スイス衛兵隊などの基本色は赤を用い、フランス衛兵隊や銃士隊など、その他の王室軍では、青にブルボン王家の白、赤などを加えていった。その他の一般連隊では、重騎兵は青、竜騎兵は緑など兵科色も一部導入されていくが、結局、統一を欠いたまま、一八世紀末の革命期を迎えることとなる。

●アメリカ 「新大陸」で生まれた新しい陸軍の色として、ジョージ・ワシントン司令官が選んだのは青色だった。一七七九年のことだ。独立戦争のさなか、真っ赤なイギリス本国軍と一目で区別がつく色調がどうしても必要だった。

一七七五年に「大陸軍」が編成された際、最初は間に合わせとして、草木染の茶色または紫の制服を導入しようとしたが、普及しなかった。その後、プロイセン式の軍事教練を導入した際、軍服もプロイセン風を採用した。ワシントン自身も青い上着に黄色いベストと、フリードリヒ大王を思わせる軍服を着ていた【図6-9】。この青と黄色の組み合わせが、米陸軍の基本色となって今日にまで至る。また一七八〇年からは、将官の正肩章に星章を付けるようになった。

それにしても、なぜ初期の軍服は、あれほど原色を使った派手なものばかりだったのだろうか。戦場で目立つ配色は危険ではなかったのだろうか。

最大の理由は黒色火薬にある。点火すると煙が猛烈な勢いで広がる当時の火薬では、戦場は濛々たる煙で一寸先も見えない状況だった。一方で銃の能力は低く、遠くから狙撃される心配はあまりなかった。一八世紀までは、まぐれ当たりか流れ弾での死傷がほとんどで、銃撃も、戦列（ライン）をしいた集団が、集団を撃つというものだった。そういう状況なので、敵から逃げ隠れするよりも、指揮官から見て自軍がどこに展開しているかを的確に把握することの方が重要だった。よって黄色、青、赤といった原色が好まれ、装飾も金や銀の刺繍や組みヒモ細工がきらびやかに用いられた。一八八四年にフランスのポール・ヴィエイユが無煙火薬を開発するまで、状況はそれほど変化しなかったのである。

もう一点、挙げられるのは殖産興業の意味合いだ。軍隊が巨大化し、その制服の調達が国家で管理されるようになると、当然、被服産業や装飾産業、生地の生産業者などが技術力を高めることとなり、国としての生産力も拡大した。そういう意図で、ルイ一四世やナポレオンは意識的に軍服を派手で豪華なものにした。

だが、もう一つの理由もあった。「目立つ軍服を着せておけば、兵隊が逃亡しにくい」というのである。特にその必要性を痛感していたのが、フリードリヒ二世（大王）【図6-10】が率いる一八世紀半ばのプロイセン陸軍だった。フリードリヒ大王のプルシャン・ブルーの軍隊ほど、よく戦い、よく犠牲を払い、よく兵士が逃げ出した軍隊は歴史上、他に例を見ないだろう。

「兵隊王」の父と「軍神」の息子

初代「プロイセンにおける王」フリードリヒ一世は浪費家だった。その後を受けたフリードリヒ・ヴィルヘルム一世【図6-11】は、そんな父親を見て育った反動もあるのか、恐ろしくケチな人物だった。文化や芸術を好んだ父親を毛嫌いし、粗野で教養のない二代目だったが、国家経営者としては立派で、借金財政をうまく立て直した。国家予算をつぎ込んで作り上げたのが、人口わずか四〇〇万の小国には似合わない、兵力八万を超える陸軍と、これを支える徴兵区（カントン）制度だった。国内を徴兵区に分けて連隊を割り当て、住民から徴兵補充する。地域連隊を原隊とする士官候補は、原隊の将校団に属して下士官から隊付き勤務をし教育を受ける、といったプロイセン陸軍の方式は、後の日本陸軍に大きな影響を与えた。

何よりも軍隊を愛した王は、「兵隊王」のあだ名で呼ばれた。父王が残した中国陶磁器のコレクションはザクセン公にすべて贈り、見返りに騎兵連隊を移籍させた。なお、この陶磁器を参考にしてザクセンで生まれたのが、名高い「マイセン焼」である。

兵隊王の唯一の趣味と言えたのが「巨人兵」の収集だった。身長六フィート二インチ（約一八八センチ）以上の男を見つけると、たとえ拉致してでも入隊させ、自身の近衛擲弾

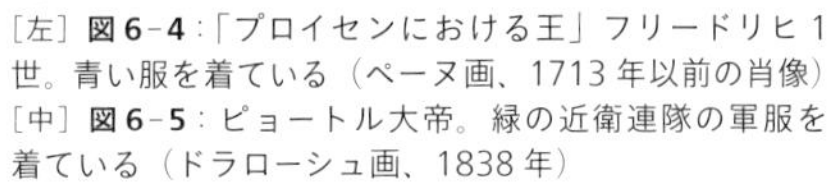

［左］**図 6-4**：「プロイセンにおける王」フリードリヒ 1 世。青い服を着ている（ペーヌ画、1713 年以前の肖像）
［中］**図 6-5**：ピョートル大帝。緑の近衛連隊の軍服を着ている（ドラローシュ画、1838 年）
［右］**図 6-6**：エカテリーナ 2 世。近衛連隊の緑色の軍服を着てクーデターの指揮を執った（エリクセン画、部分、1762 年）

図 6-3：スウェーデン陸軍博物館にある軍服

図 6-2：ニューモデル・アーミーの兵士。ベルトから下げた早合（はやごう／火薬と弾丸を収めた入れ物）は水色で、吊り下げるヒモは白と水色の糸を撚ったものだった。ニットのモンマス帽を被っている

［上］**図6-7**：オーストリア皇帝フランツ・ヨーゼフ1世。白い上着に赤ズボンの陸軍元帥礼装を着ている（ルス画、1862年）
［中］**図6-8**：オーストリア皇帝フランツ・ヨーゼフ1世。水色の上着と赤い3本線（太線、細線、太線）入りの黒ズボンを合わせた常装姿である（ピルシュ画、1900年）
［下］**図6-10**：フリードリヒ大王。晩年の肖像で、第15親衛近衛連隊の略装（野戦服）を着ている

図6-9：ジョージ・ワシントン中将

兵連隊に配属した【図6－12】。身長だけが入隊の基準で、中には知的障害者もいた。王は閲兵中に少なくとも二度、彼が愛してやまない巨人兵から襲われ殺されかけている。諸外国の王侯は、彼との外交を考える場合、金銭や贅沢品の贈与をやめ、専ら六フィート六インチ（約一九八センチ）以上の大男を献呈するようになった。

しかし勘違いしてはならない。兵隊王は軍隊と巨人兵が好きなだけで、戦争が好きなのではなかった。軍隊は大事な玩具であり、兵隊ごっことパレードの道具である。

兵隊王の悩みの種は、長男の王太子フリードリヒ【図6－13】だった。彼から見た息子はこうだ。——何かと学問やら音楽やらの「くだらない趣味」にうつつをぬかす。親父そっくりだ。特にクヴァンツとかいう教師が来るようになってからはフルートばかり吹いている。まあしかし、それでザクセンのフリードリヒ・アウグスト（兼ポーランド王アウグスト二世）の宮廷楽団から、クヴァンツをほとんど引き抜けたのは痛快だったし、その点はまあ良いか（ヨハン・ヨアヒム・クヴァンツはフルート音楽の第一人者で、数百曲が今に残る）。

だが最もけしからんことに、フリードリヒは軍事や教練を嫌う。将来、軍の司令官となるべき者にはあるまじき資質だ。さらに困ったことに、どうも女嫌いの傾向も見られる——。

女性に「興味がない」のはよい。何しろ兵隊王自身、こんな言葉を残している。「世界一の美少女とか女性とか、そんなものに余は無関心だ。しかし、背の高い男！　それは確かに余の泣き所である」。だが王太子たる者、女性が「嫌い」なのは義務として許されない。懸念した父王は、母の実家で、妻の実家でもある英国王室ハノーヴァー家の王女との縁談話をまとめた。フリードリヒは一八歳になっていた。意外にも王太子は、この話に異を唱えなかった。

そして事件は起こった。一七三〇年八月一五日、王太子は親友の——そして、おそらくそれ以上の関係の、ハンス・ヘルマン・フ

図6－11：王太子時代のフリードリヒ・ヴィルヘルム１世。後の「兵隊王」である（ライゲベ画 1706年）

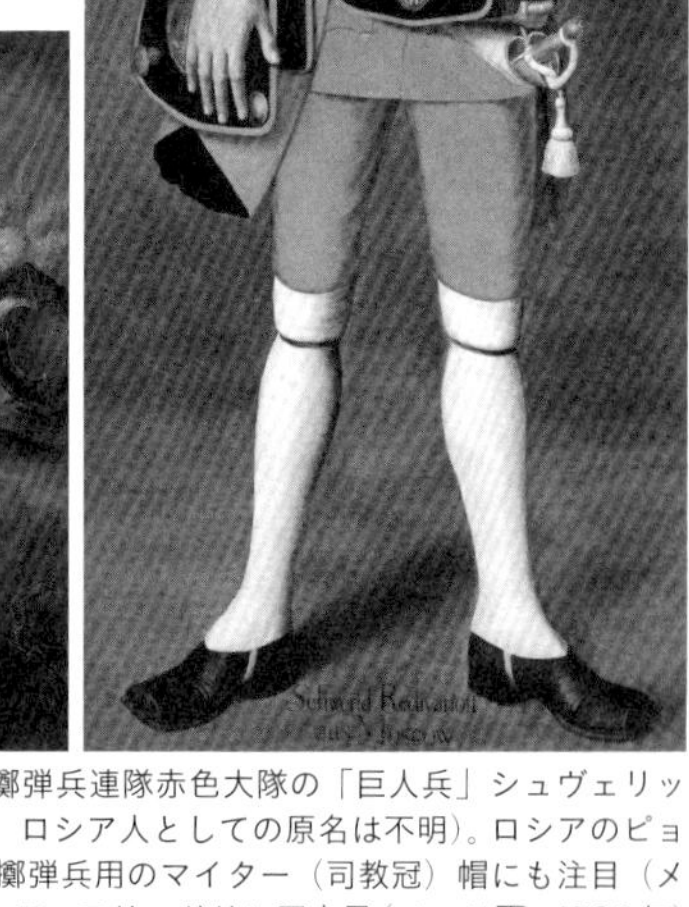

［右］**図6－12**：プロイセン軍近衛擲弾兵連隊赤色大隊の「巨人兵」シュヴェリット・レディファノフ（ドイツ語表記。ロシア人としての原名は不明）。ロシアのピョートル大帝が贈った巨人だった。擲弾兵用のマイター（司教冠）帽にも注目（メルク画、1724年以後）［左］**図6－13**：フリードリヒ王太子（ペーヌ画、1736年）

ォン・カッテ少尉【図6-14】の手引きで、マンハイムの滞在先から逃亡した。ポツダムで待機するカッテと合流し、英国に亡命するつもりだった。だが、彼らの秘密のやり取りはとっくに父王に知られており、二人は逮捕された。王太子はそのままキュストリン要塞の塔に監禁され、カッテは叛逆者として軍法会議にかけられた。判決は終身刑だったが、父王は激怒して控訴し「カッテが死ぬ方が、世界から正義がなくなるよりましであろう」と威圧したため、斬首刑と決まった【図6-15】。

一一月六日、後ろ手に縛られ殺されるカッテの姿を、父王は息子によく見るように命じた。開け放たれた塔の窓から、フリードリヒはフランス語で叫んだ。

Veuillez pardonner mon cher Katte, au nom de Dieu, pardonne-moi!

「許しておくれ、私の愛するカッテ。神の御名にかけて、私を許して！」

カッテはそのままの姿勢で、やはりフランス語で応えた。

Il n'y a rien à pardonner, je meurs pour vous la joie dans le cœur!

「何を許すことなんてあるんです。僕はあなたのために死ぬのです。心から喜んで！」

刑吏が剣を振りかざしたとき、フリードリヒは気絶して倒れたという。これが恋人同士の永遠の別れのやりとりでなければ、なんであろうか。

フリードリヒはこの後、死ぬまで二度とカッテの名を口にすることはなかった。

以後、フリードリヒは少なくとも表面的には父王に対して従順になった。一七三一年には第一五歩兵連隊のシェフ（いわゆる名誉連隊長。指揮官の大佐の上に立つ、連隊のオーナー）となり、見違えるように軍務に精励する。ハノーファー軍出身のアドルフ・フリードリヒ・フォン・デア・シューレンブルク少将【図6-16】が王太子付きの家老のような立場となり、とかく対立しがちな父王と王太子の間を取り持つようになった。

一七三三年二月、ポーランド王でザクセン選帝侯でもあるアウグスト二世が亡くなった。すかさずフランス王ルイ一五世は王妃の父、元ポーランド王スタニスワフを推して、国王選挙で復位させた。アウグスト二世の息子アウグスト三世は当然それを承認せず、神聖ローマ皇帝カール六世もアウグスト三世を支持してポーランド継承戦争が勃発した。兵隊王はこの戦争で、シューレンブルクを参謀に付けて、王太子フリードリヒに二万八〇〇〇のプロイセン軍を預けた。

ここでライン方面の帝国軍を指揮したのは、帝国元帥プリンツ・オイゲン【図6-17】だった。オスマン帝国やルイ一四世の軍隊を何度も苦しめた名将も、さすがに晩年期を迎えて目立った軍事行動はしなかったが、配下についた若きプロイセン王太子のきわめて優れた指揮官としての素質を見抜いた。彼は一〇年前に、自分がカール六世にした進言を思い出していた。

「マリア・テレジア様の婿は、バイエルン公

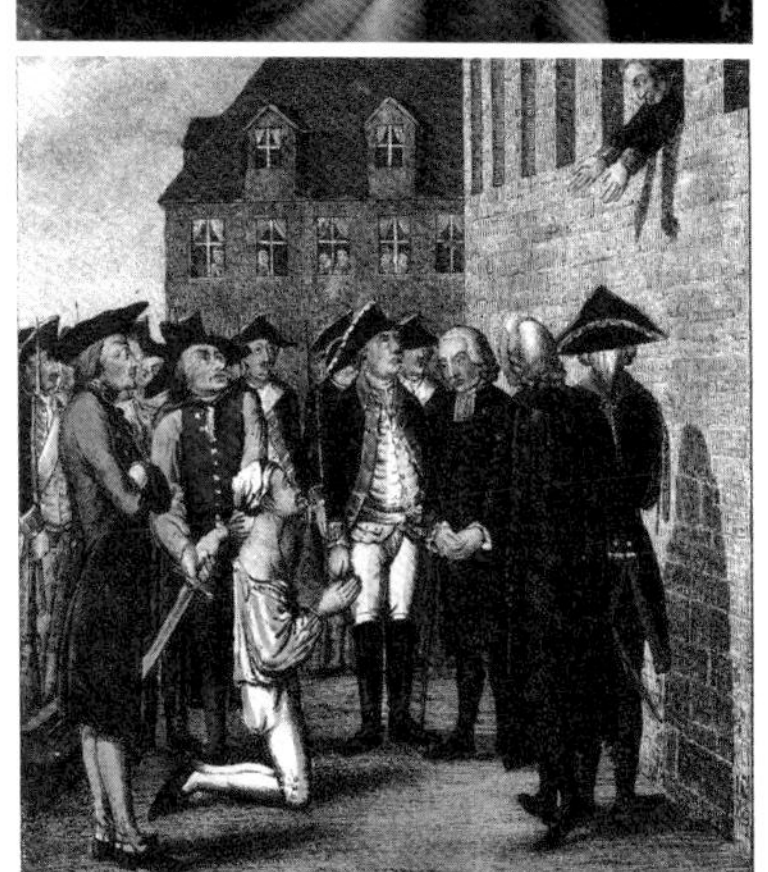

［上］図6-14：カッテ少尉（リシエフスキ画、1730年）［下］図6-15：カッテの処刑（1730年）。塔の窓からフリードリヒ王子が叫んでいる

［上］**図6-16**：モルヴィッツで戦死したシューレンブルク中将。若き日のフリードリヒ大王を支えた宿老だった　［下］**図6-17**：プリンツ・オイゲン（シューペン画／1718年）

世子かプロイセン王太子になさいませ」

カール六世には男子の世継ぎがいなかった。選帝侯による会議で決まる神聖ローマ皇帝位は、男子しか世襲できない。そこで皇帝が考えたのが、長女のマリア・テレジア【図6-18】に、ハプスブルク家の当主としてオーストリア大公位とハンガリー王位を継がせ、その結婚相手を次の皇帝とすることで、マリア・テレジアが「事実上の女帝」になるという策だ。これはしかし相当に無理筋な話で、選帝会議ですんなり支持されるわけがない。

有力な選帝侯自身がその娘婿なら、カール六世の非常に難しい希望も実現しやすいだろう。しかしそういった人物を敵に回したら、帝国存亡の危機が訪れるかもしれない――。

プリンツ・オイゲンの推挙はプロイセンにも伝わっていた。意外にもフリードリヒ王太子は乗り気を見せたという。もちろん、マリア・テレジアという女性個人にではなく、彼女がもたらす皇帝の冠に、である。しかし、そのためにはフリードリヒがカトリックに改宗する必要がある。新教を国是とするプロイセン王位に就く立場としては、高いハードルだ。それに何より、肝心のマリア・テレジアが、ロレーヌ公フランツ・シュテファン【図6-19】以外の結婚相手を考えていなかった。フランツ・シュテファンはあのオスマン帝国がウィーンを包囲した戦いで活躍したロレーヌ公シャルル五世の家系であり、好青年の美男子。普通なら非の打ちどころがないお婿さん候補である。だが、とプリンツ・オイゲンは思うのであった。難局を乗り切るにはいささか平凡な人材ではないだろうか――。

結局、マリア・テレジアの入り婿候補は、そのままフランツ・シュテファンと決まったのだった。ちょうど一〇年前の一七二三年のことである。

プリンツ・オイゲンは今、かつて自分が推薦したプロイセン王太子が、想像以上に優れた才能を見せていることをその目で確認した。

まもなくフランス軍がロレーヌを占領し、フランツ・シュテファンは領土を追い出された。ロシア軍がワルシャワを攻め落とし、スタニスワフが退位して戦争は終わった。ザクセンのアウグストは、希望通りポーランド王アウグスト三世となった。逃げ帰ったスタニスワフは、フランス領となったロレーヌを隠居領として治めることになり、フランツ・シュテファンはルイ一五世から屈辱的な領地放棄を認めさせられた。

一七三六年二月、マリア・テレジアはフランツ・シュテファンと結婚した。プリンツ・オイゲンはその婚儀に参加せず、四月に静かにこの世を去った。希代の軍神が最期に感じたのは、亡国の予感だったか、あるいは新たなる軍神の誕生だったのか。

苦かったデビュー戦

一七四〇年はまさに運命の年となった。五月三一日に、プロイセンの王フリードリヒ・ヴィルヘルム一世が五一歳でこの世を去った。王太子フリードリヒは二八歳で即位し、フリードリヒ二世となった【図6-20】。伝説の大王の登場である。彼はまず、父が遺した巨人部隊を解散し、普通の兵士による近衛擲弾兵大隊に縮小した。そして自らが率いる親衛近衛連隊として、第一五連隊を指定した。一七三一年から大王自身がシェフとして育ててきた連隊である。

　若き王は検閲をやめ、新聞を発刊し、拷問を禁止し、文化を振興した。南米から渡ってきたジャガイモの普及にまで努めた。人々は、軍隊好きの先代とは違う平和で文芸好きな君主になる、と思った。事実、大王は哲学の師であるヴォルテールに送付した論考『マキャベリ駁論』にこう書いた。「君主とは国家第一の僕である」

　一七四〇年一〇月二〇日、神聖ローマ皇帝カール六世が五五歳で亡くなった。マリア・テレジアは二三歳でオーストリア女大公、ハンガリー女王となったが、夫フランツ・シュテファンはまだ何者でもない。プリンツ・オイゲンが懸念した通り、マリア・テレジアの従姉を妻に持つバイエルン選帝侯カール・アルブレヒトが皇位を主張し始めた。やがてカール・アルブレヒトは、戦乱のどさくさを利して、フランツ・シュテファンより先に短期間だが帝位に就き、皇帝カール七世を名乗ることになる。このカール七世の母は、あのポーランド王ヤン三世ソビエスキの娘である。

　混乱に乗じて、一二月一六日、若きフリードリヒ大王は早くも動き出した。オーストリア領シュレジェンに迅速に軍を進め、一か月で占領した。そしてマリア・テレジア（一応、

［左］**図6-18**：若き日のマリア・テレジア皇女（メラー画）
［右］**図6-19**：マリア・テレジアの「入り婿」として皇帝となったフランツ1世シュテファン

図6-20：フリードリヒ大王。即位して間もない若き日の姿で、1756年より前の時代の第15親衛近衛連隊の軍服を着ている

交渉相手は夫のフランツ・シュテファン）に使者を送り、ゆすりにかかったのである。シュレジエンをこのまま頂戴できるなら、プロイセンは味方となり、選帝会議でバイエルン選帝侯ではなく、フランツ・シュテファン殿に一票、入れて差し上げてもよい——。

交渉は決裂し、やがて厳冬期を迎えて動きは止まった。怒りにかられ、断固反撃の決意を固めたマリア・テレジアだが、今は周囲の誰もがお手並み拝見と、彼女とその夫の様子をうかがっている。帝国内のドイツ諸侯はもちろん、オーストリア軍内の元帥たちも、いつ敵に回るかわからない。そこで彼女は、数少ない信頼できそうな将軍を思いついた。五六歳のベテラン、伯爵ヴィルヘルム・ラインハルト・フォン・ナイペルク大将【図6−21】である。

ナイペルクは長年の戦歴がある軍人だが、オスマン帝国との外交交渉に失敗し、かつてプリンツ・オイゲンが獲得したセルビアの土地の多くを、オスマン帝国に返してしまう失態を犯した。先帝カール六世は激怒し、ナイペルクを軍法会議にかけて、処刑も目前、という状況だったが、たまたま皇帝が急死したため、辛くも死を免れたのである。マリア・テレジアは彼を軍務に復帰させ、シュレジェンを取り返してくるように命じた。

図6−21：オーストリア軍のナイペルク大将。モルヴィッツの戦いでフリードリヒ大王と戦った

ナイペルクにとって、名誉回復をかけた負けられない一戦だった。オーストリア軍を率いたナイペルクは、雪も解けぬうちにシュレジェンに前進した。こうして、フリードリヒ大王のデビュー戦が一七四一年四月一〇日、モルヴィッツ近郊で始まることとなる【図6−22】。

オーストリア軍の奇襲的な進攻は成功したが、結局、モルヴィッツで敵軍の存在を先に認識したのは大王の方だった。拠点からゆっくり仕掛けるつもりだったナイペルクは、朝になって間近にプロイセン軍が展開を始めているのを見て驚愕した。両軍ともに歩兵と騎兵を中心とする二万余の兵力で、戦力的には互角。ただしナイペルク軍は、オスマン帝国との戦いで経験を積んだ精強な騎兵が多い反面、急な動員だったうえ、大王の裏をかくべく迅速な機動が必要だったために、十分な数の歩兵がそろわなかった。

ところが、大王の方も経験不足である。布陣に手間取るうちに、せっかくの不意打ちの機を逃し、もたつくうちに攻撃開始は午後になってしまった。部隊を斜めに配置して側面から局地的優勢を狙う、後の大王のいかにも「軍神」らしい得意技「斜行戦術」など、まだ実際に出来る手際ではなかった。とはいえ先手を取った優位は明らかで、プロイセン砲兵の砲撃を受けて、ナイペルク軍は押されていく。

オーストリア軍左翼の騎兵部隊を率いていた歴戦の猛将カール・ヨアヒム・フォン・レーマー中将は、プロイセン騎兵の練度が低いことに気付き、果敢に突撃を試みた。砲兵陣地を迂回して、プロイセン軍右翼の騎兵隊に肉薄したのである。このとき右翼の指揮を執っていたのは、あの大王の「付け家老」シューレンブルク中将である。軍人というより外交官肌のシューレンブルクは、騎兵連隊のシェフも務めていたが、この面では大王の評価は厳しく、しばしば不興を買っていた。領地の跡目問題でもめ事もあり、五四歳で一度退役を申し出ていたが、大王はそれを慰留して中将に昇進させ、黒鷲騎士に任じていた。だから彼にとっても、ここは意地のかかった一戦であったが、レーマーから五度にわたる突撃を受け、シューレンブルクは戦死した。一方のレーマーも乱戦に巻き込まれて被弾し、命を散らした。

レーマー騎兵隊の勇戦もあり、ナイペルク

図6-23：シュヴェリーン元帥

図6-22：モルヴィッツの戦い（1741年）で奮戦するプロイセン軍

は粘り強く反撃に転じた。やがてオーストリア軍の砲弾がプロイセン軍の本陣に届く状況になる。至近弾が落ちた直後、副司令官格の伯爵クルト・クリストフ・フォン・シュヴェリーン元帥【図6-23】が「ここはお引きくださ い。勝敗はいつでもあることですが、王冠は取り返しがつきませんぞ」と大王に進言し、他の将軍たちもこぞって若き王に避難を勧めた。はっきり言って、大王はまだ軍人たちの心服を得ていなかった。五五歳のベテラン元帥の言葉は重く、大王は足の速い馬に乗り、戦場を離脱した。このときは危険が迫っており、大王が敵に捕まる恐れもあった。大王はこの戦いの後、自分を救ってくれた快速の愛馬に感謝して一線の任務を免除し、気ままな余生を送らせたという。

大王が戦線を離脱した後、冷静になったシュヴェリーン元帥は、味方の銃兵部隊が無傷であることに気付き、プロイセン軍が得意とする一斉射撃で弾幕を張った。当時のプロイセン軍は、世界一発射速度の速い歩兵部隊を持っており、最大で一分間に六斉射、七斉射ができた。先王フリードリヒ・ヴィルヘルム一世以来の猛訓練の賜物である。オーストリア側も十分に訓練された歩兵だったが、彼らが二回の斉射をするたびに、五回の斉射が返ってきたという。オーストリア歩兵はプロイセン軍の精強さに恐れをなし、戦意を喪失した。

「どちらに向かって撤退するんです？」と味方の将官から聞かれたシュヴェリーン元帥は、「敵の死体が転がっている方へさ」と答えた。戦況は完全にプロイセン軍の優勢に傾き、オーストリア軍は総崩れとなった。ナイペルクは戦線の維持を諦めて撤退した。

ナイペルクは敗北の責任を問われて激しく批判されたが、マリア・テレジアは彼をかばい、元帥に昇進させ、後には金羊毛騎士に取り立て、晩年まで厚遇した。このナイペルク伯の孫は後年、ナポレオンの二番目の妻、マリー・ルイーズと再婚する相手となる。

辛勝であった。死傷者数もほぼ同じで、後に大王は「ナイペルク伯と私とで、どちらの失点がより多かったか、という評価は難しい問題だ」と書いている。だが、シュレジエンからオーストリア軍を追い出した戦略的効果は絶大で、周辺の諸侯がこぞって大王の野戦司令部に使者を寄越し、戦勝を祝した上で、プロイセンの味方に付く、と言ってきた。

大王はシュヴェリーン伯を厳しく叱責した。手柄を独り占めにされたのは面白くなかったに違いない。これ以後大王は、二度と途中で戦場を離れないことを心に誓った。

大王が流行らせた「着こなし」

プロイセン軍のプルシャン・ブルーの軍服も、オーストリア軍の白い軍服も、基本的にはよく似ており、いわゆる「ドイツ風」の軍服だった。折り返し襟が付いていて、閉じるとダブルの前合わせになる。防風を考えた、一八世紀に流行した乗馬用の上着の形式である。フリードリヒ大王の軍隊は、最大規模一九万人を数えた。そして、七年戦争が終わった一七六三年までの戦死者数は一八万人を超えていた。すなわちほぼ一度、陸軍が全滅したほどの損害を出している。これほどの人的損失を、徴兵した国民だけで補うことは不可能で、外国人を多数入隊させることでなんとか成り立っていたのが、大王のブルーの軍隊の実情だった。だから、他のどの国の軍よりも脱走兵も多く、一七五六年にザクセン軍の一〇個歩兵連隊を移籍させたときも、一年後に部隊として残っていたのは三個連隊だけだった、という。

　それほど人の出入りが激しいので、軍服の調達も、民生品の転用がよく行われたし、型式も当時の一般的に流行っていた紳士服に倣ったものになった。つまり、一般の人が着ている服と、デザイン的にはよく似ていた。

　襟や袖の折り返しに、連隊色を入れるのが基本で、大王自身の第一五親衛近衛連隊の場合、赤色だった。上着の下に見えるベストと半ズボンは、この連隊の場合は黄色だった。礼装、常装、略装と装飾が減り、野戦用の略装となると、ほとんどボタンぐらいしか目立つ飾りはない。馬上の将校はブーツを、徒歩の将校や下士官兵はゲートル（ガマシェ）を使用した。これは当初は白かったが、汚れが激しいため、近衛連隊の礼装を除いて黒に変更された。礼装や常装の上着には、ブランデンブルク式と呼ばれる、ボタン穴の周辺を飾り立てる装飾が付いた。これはオスマン帝国からポーランドを経由して入ってきた、東洋風の装飾の流れを汲むものだろう。連隊ごとにデザインはいろいろあり、房飾りや柏葉の意匠を用いるのが普通だった。第一五親衛近衛連隊の第一大隊は大王を直接、警護する最精鋭部隊で、プロイセン軍の中でも最も派手な装飾を付けた華麗な礼装を着た【図6-24】。しかし彼らはただのパレード用のお飾りではなく、モルヴィッツの激戦では八百人中、六百人以上が死傷している。

　プロイセン軍の近衛兵は、右肩に銀色の飾緒を付けた。しかし、かなり後方に取り付けるので、前から見ると、飾緒を付けているのがよく見えない。

　黒い三角帽を被るのが両軍とも基本で、将校はレース飾りが付き、さらにプロイセン軍の将官は、一七四二年から白い羽根飾りを付けるようになった。

　大王自身の着こなしとしては、飾り気のない略装で、折り襟を全て閉じて、現代の防寒用コートのようにボタンをしっかり閉じて着るのが普通で、また、本来はベストに巻くサッシュ（帯）を上着の上から巻くことを好んだ【図6-25】。当時としては野暮ったいというか、ちょっと変わった着こなしだったのだが、大王のような有名人がやることは、結局スタンダードになっていった。一九世紀以後の軍服は、ボタンをしっかり閉じたダブルのフロックコートになり、サッシュも上着の上から巻くのが一般的になるのである。

永遠に生きたいのか？

　一七五七年一〇月一六日、オーストリア軍の騎兵指揮官、伯爵アンドレアス・ハディク中将が、離れたところで戦っているプロイセン軍主力の隙をつき、五〇〇〇余の機動部隊でベルリンを急襲し、たった一日だけ占領して金銭や献上品を奪ったことがある。ハディクはベルリン市当局に対し、主君マリア・テレジア個人に対して、一二組の上質な手袋を贈ることを要求し、ベルリン市もそれに従った。ところがこれを持ち帰ってみると、手袋はすべて左手用だったという。もちろんこれは、ベルリン側が考えた嫌がらせなのだが、マリア・テレジアはハディクの冒険的な行動を称賛し、ベルリン市の手袋も笑って嘉納した。これ以後オーストリア軍の将校は、君主の御前では手袋を左手だけはめて、右用は左手で持ったという。それは「私どもも右手の手袋は、はめません」という意味だが、憎きフリードリヒ大王の鼻をまんまと明かした記念でもあるのだった。

同じ一七五七年の五月六日、プラハの戦いでシュヴェリーン元帥は、第二四連隊の軍旗をつかんで陣頭に立ち、部下たちを鼓舞して「子どもたちよ、さあ来い！」と叫んだ。たちまち銃弾が命中し、元帥は戦死した【図6-26】。この戦いに勝利はしたが、大王はひどく落胆した。モルヴィッツの一件以来、煙たく思いつつも、誰よりも頼りにしていた老臣だったのである。

六月一八日のコリンの戦い【図6-27】では、大王自身が第三連隊の軍旗を握って浮き足立った兵士たちに「野郎ども！ 永遠に生きたいのか？（Hunde, wollt ihr ewig leben?）」と叫んだという。そんなに命が惜しいのか、と叱りつけたのである。

一七六〇年八月のリーグニッツの戦いで、大王は、奮戦した第三連隊将兵の帽子にレース飾りを復活させることを許可した。数週間前の戦いで、同連隊はぶざまな失敗をみせ、激怒した大王は装飾を外すよう命じていたのだった。しかしリーグニッツで大王は、「すべてのことは忘れ去られた。ただ、今日のことを除いては」と言って彼らをたたえ、レース飾りを付けるための代金を、大王個人が負担すると約束した。

一七六二年七月二一日、ブルケルスドルフの戦いでは、一人の兵士に「我が子よ、お前は傷ついているではないか」とハンカチを与え、「これで傷口を縛りなさい」と言った。そのとき大王と共に馬に乗っていたロシアの

図6-24：プロイセン第15親衛近衛連隊 第1大隊兵士

図6-25：フリードリヒ大王の野戦服姿

図6−28：フリードリヒ大王の宮廷コンサート。
大王は軍服姿でフルートを吹いている（メンツェル画）

図6−26：シュヴェリーン元帥の戦死

図6−27：コリンの戦い（1757年）で奮戦するプロイセン軍の近衛連隊。兵士の後ろ姿を見ると、右肩の飾緒の位置がよくわかる（クネーテル画）

伯爵は、感激する兵士の様子を見て、なぜ大王があれほど大きな犠牲を払いつつも、兵士たちから絶大な人気があるのかわかった、という。

大王は、マリア・テレジアばかりか、フランスのルイ一五世の筆頭愛人ポンパドゥール夫人と、ロシアのエリザヴェータ女帝まで敵に回し、三人の強力な女性の「ペチコート同盟」のために、ほとんど敗北寸前にまで追い詰められ、自殺を考えたこともあった。その一方で、部下であるアンハルト・ツェルプスト公の娘をロシアに送り込んで、後年、その夫となったロシア皇帝ピョートル三世に思いがけなく助けられたこともある。その後、ツェルプスト公の娘は夫を廃位して、自らエカテリーナ二世を名乗ることになる。なんにせよ、生来の「女嫌い」のために滅亡寸前まで追い込まれたのは、大王にとっても不覚だったろう。

戦争の合間、サンスーシ宮殿で大王は音楽と著述にふけった。作曲数は多く、フルート・ソナタだけで一二一曲に及ぶという。演奏する大王の絵が残っている【図6−28】が、華麗なジュストコール型の宮廷衣装を着る貴族たちの間で、フルートを構える大王はやはり、青い軍服を着て、ブーツを履いている。いつでもどこでも、第一五親衛近衛連隊の軍服姿で押し通した。

それから、忘れてはなるまい。フルートの師匠クヴァンツは、正式にザクセンから移籍し、プロイセン王室専属の音楽家となった。以後、一流の音楽家が大王の宮廷に集まり、その中にはあのヨハン・セバスチャン・バッハの次男もいた。後年、巨匠バッハ本人も大王の拝謁を賜りに来た。この際、大王がフルートで吹いた即興の主題を基にバッハが即興演奏で返し、二か月後に楽譜にして改めて大王に献呈したのが、名曲「音楽の捧げもの」である。

何とも複雑な人物だった。一七八六年八月一七日にフリードリヒ大王が七四歳で亡くなると、時代は次の英雄を呼び出そうとするのである。

7章 ナポレオン戦争と「華麗なる軍服」の時代

伝説の誕生と視覚戦略

イタリア北部アルコレ近くの湿地で、防戦するオーストリア軍に対し、フランス革命軍の兵士たちは立ちすくんでいた。一七九六年一一月一五日のことだ。指揮を執るのは二七歳の若き司令官ナポレオン・ボナパルトである。

トゥーロン軍港の攻防で頭角を現し、一砲兵大尉から大佐、さらに将官に抜擢されたのはつい三年前、二四歳のときであった。その後、マクシミリアン・ロベスピエールの失脚に連座したが、総裁政府を率いるポール・バラスの目に留まり、瞬く間に奇跡の復活を遂げ、今やイタリア戦線で大将相当の総司令官である。もうこれだけで、普通の人の一生分の運を使い果たしているように思えるが、ナポレオンの本領発揮はむしろここからである。

軍旗をひっつかんだ彼は、フリードリヒ大王を真似したのか、敵の唯一の後方との連絡路である橋の近くまで突っ走った。思いがけない行動に周囲は慌てたが、このままでは司令官が危ない。直属の擲弾兵が続いて突進し、周囲を取り囲んだ。側面に配置されていた敵から激しい銃火が見舞い、さらに敵の援軍まで到着した。ナポレオンの生涯を見ても最大のピンチである。兵士たちは後続が続かないことに焦り、ナポレオンを引きずって後退したが、無謀な若造の司令官は沼地に落っこちて半身が泥につかり、動けなくなってしまった。「前進！ 将軍を救え」という声が上がり、決死の兵士たちはついに敵を追い払った。

トゥーロン以来の親友だった副官ジャン・バティスト・ミュイロン大佐はナポレオンを庇って戦死し、反撃の指揮を執ったジャン・ジル・アンドレ・ロベール少将は重傷を負って後に死亡した。ジャン・ジョゼフ・ギュー少将の部隊が後方から迂回してアルコレを占領し、これに驚いたオーストリア軍はずっと後退したため、フランス側の勝利となったが、三日間で死傷者三五〇〇人、捕虜一三〇〇人を出したフランス軍に対し、オーストリア軍の戦闘による死傷は約二〇〇〇人と、戦いとしてみるとかなり微妙なものである。しかし、この「軍旗をつかんで先頭に立つ」ナポレオンの姿が、英雄伝説の始まりだったことは間違いない。

この戦いでのナポレオンの姿を、おそろしく美化して描いたのが、アントワーヌ・ジャン・グロの『アルコレ橋上のナポレオン』**【図7−1】**という絵画である。泥沼に転落してもがいていた若き将軍は、金糸の刺繍が輝く青い将官用の軍服に身を包み、軍旗と剣を手に、まるでギリシャ神話の登場人物のように決然と部下を鼓舞して陣頭に立っている。誰が見ても惚れ惚れする勇姿である。ナポレオンはこの絵を大いに気に入って、グロを戦利美術品の鑑定委員に取り立てた。

しかし、上には上がいるものだ。一八〇〇年五月、再びイタリア戦線に戻ってサン・ベルナール峠でアルプス山脈を越えたときのナポレオンの姿を、神々しいまでに美化して描いたのが、グロの師匠であるジャック・ルイ・ダヴィッドの『サン・ベルナール峠を越えるボナパルト』**【図7−2】**だ。ロバの背に乗り、苦心惨憺して山越えしたはずのナポレオンを、白馬にまたがり、真っ赤なマントを羽織った英雄として描いている。

この作品に感銘を覚えたナポレオンは、ダ

［上段右］**図7–1**：グロ画「アルコレ橋上のナポレオン」（1796年）。将官用の軍服のディテールがよく分かる
［上段左］**図7–2**：ダヴィッド画「サン・ベルナール峠を越えるボナパルト」
［下］**図7–3**：ダヴィッド画「皇帝ナポレオン一世と皇妃ジョゼフィーヌの戴冠式」（1806–07）

ヴィッドを首席画家に任命した。皇帝公認画家としてダヴィッドが渾身の力で描いたのが、『皇帝ナポレオン一世と皇妃ジョゼフィーヌの戴冠式』【図7–3】である。ナポレオンが自分で自分の頭に冠を載せたうえ、ジョゼフィーヌに冠を与える様を見守るしかなかった教皇ピウス七世は、右手を上げて祝福している。

貴賓席の中央では、ナポレオンの母レティツィアが微笑んで見守っている。事実は、息子が皇帝になることにも、嫁のジョゼフィーヌにもいい感情を持っていなかったらしい母は、戴冠式に参列していなかった。

ダヴィッドにしても、グロにしても、何を描けばナポレオンが気に入るかを理解していた。実際にその場にいた人に取材し、服装なども綿密に考証したうえで、あえて嘘を盛り込む。リアルな絵であればあるほど、その画面は事実として印象に残り、はるか何世紀も後の後世の人にまで刷り込まれる。このナポレオンの視覚戦略は見事に成功したといえる。

人はその制服の通りの人間になる

一般にナポレオンの帽子、と呼ばれる「二角帽（ビコルン Bicorne）」【図7–4】は、フランス革命の代名詞といえる帽子である。すでにフリードリヒ大王の時代に、三角帽の形状は前方の角が後退して、かなり二角に近くなっていたが、一七八九年のフランス革命勃発により、旧体制のフランス王国軍で使用していた三角帽は完全に廃止され、新たな民兵組織、国民衛兵が大きな二角帽を採用して、新時代の到来をルックスから印象付けた。

正面から見るとオムレツのようなこの帽子は、横に広い形なので、当然、乗馬などすると風で飛びやすい。それで一九世紀に入ると、徐々にこの帽子を、角が顔の前に来るように

被る縦被りをするようになる。一八〇二年には英国陸軍が正式に、二角帽は縦に被るものとした。以後、英語ではこの帽子をコックドハット、つまり「トサカ帽」と呼ぶのである。

だが、革命の申し子であるナポレオンは、誰がどうしようが、時代遅れの横被りを貫いた。ビーバーの皮で作ったナポレオンの二角帽は非常に軽いが、正面面積は小さめで、意外に風に飛ばされることはなかったようだ。

彼が帽子に付けていた円形章コカルドCocardeにも特徴があった。この三色の帽章も一七八九年の革命時に生まれたが、通常、当時の帽章としては外側から白・赤・青であり、また現代のフランス空軍機が使用している国籍章は外から赤・白・青だ。ところがナポレオンの円形章は、外から赤・青・白という変わった配色で、これは革命のごく初期にだけみられたものだ。彼が革命の古参闘士の一人であることを、最期まで誇示していたことが分かる。

なお、フランス軍のもう一つの象徴であるシャコー（筒型帽）【図7-5】は、一八〇一年一〇月に歩兵科、騎兵科で採用され、〇七年以後は砲兵など他の兵科でも広く使用されるようになった。

フランス軍には全軍を統一した基本色が定められなかったが、将官や幕僚といった高級幹部用の制服は、王政時代から存在していた。一七五九年に当時の陸軍大臣ベル・イル公シャルル・フーケ元帥が服制を定めた際には基本ができており、共和政期からナポレオン時代まで引き継がれた。ナポレオン本人がアルコレの戦いからエジプト遠征、アルプス越えの時期まで戦場で着用していた、金の刺繍入りの青い軍服、というのはそれである。

フランス共和国の第一執政になって独裁者となった一七九九年末から、帝位に就く一八〇四年までの間は、真っ赤な執政官の制服を着用した【図7-6】。ダブルの前合わせで、刺繍がふんだんに入った豪華なものだ。この時期、ナポレオンは軍人だけでなく、ありとあらゆる職位の人に制服を定め、大臣、知事、官吏、学生にまで軍服風の制服を導入した。服装の自由がなくなるといってフランスの人々が怒ったのかというと、全くそうではない。新時代の執政官の権威にあやかるべく、競って制服の導入をしたがった。フランス学士院など、制服がないことは遺憾だとして、政府に服制制定を要求した。

「人はその制服の通りの人間になる」とはナポレオンの箴言である。

図7-4：ナポレオンの二角帽と円形章（コカルド）

図7-5：ナポレオン軍のシャコー（筒型帽）

ところが面白いことに、ナポレオンが皇帝になると、彼自身は元帥やら将官やらの青い軍服も、目立つ赤い執政官の上着も脱ぎ捨てて、自らが連隊長を務める皇帝親衛隊の擲弾歩兵連隊の制服【図7-7】か、同じく親衛隊に属する猟騎兵連隊の制服【図7-8-1、2】しか着なくなってしまう。これはフリードリヒ大王と同様、君主は親衛連隊の連隊長ではあるが、軍人としては元帥でも将軍でもない、ということを意図的に強調しているのだ。よって、どれほどきらびやかな元帥服を着た幹部がいても、親衛連隊長としての地味な大佐の軍服を着たナポレオンからすれば、格下なのである。

擲弾兵連隊の軍服は青地に赤いカフスが付いており、猟騎兵連隊の軍服は深緑色に赤い立ち襟とカフスが付いたもので、デザイン的にはよく似ていた。肩に金色の正肩章エポレットを着けるが、擲弾兵と猟騎兵では肩章にあしらわれる刺繍が異なる。擲弾兵は爆弾を敵陣に投げ込む命知らずが集まる部隊で、彼らが手にする擲弾を部隊章とする。猟兵という兵科は本来、射撃が得意な猟師を集めて編成した精鋭部隊のことをいい、一六一一年にスウェーデン軍でグスタヴ二世アドルフが採用したのが始まりという。彼らの象徴は角笛の徽章だ。

親衛擲弾歩兵連隊は、一七九九年末に執政官親衛隊が創設されて以来、ナポレオンに従う最精鋭部隊で、一八〇六年からは髭を剃らなくなり、金のイヤリングを耳に付けるのが普通になった。もちろん彼らだけに許された特異な習慣である。ナポレオンが退位する際に泣き別れしたときも、ワーテルローの戦いで最後まで皇帝の周りにあったのも、彼らである。

親衛猟騎兵連隊は、エジプト遠征で活躍したボナパルト司令官嚮導隊を基幹として一八〇〇年一月に発足した、ナポレオンの秘蔵ッ子部隊である。野戦装はハンガリー軽騎兵風の肋骨服だったが、常装、礼装には、ナポレオンも着た通常の上着を採用していた。

当時のフランス軍で標準化していた正肩章は、やはり王政時代の一七五九年にシャルル・フーケ元帥が導入したもので、階級章として使うことは、新しい試みだった。なお、このフーケ元帥とは、ルイ一四世時代にダルタニヤンに逮捕された財務卿フーケの孫だ。

皇帝ナポレオンは朝、擲弾兵の制服か猟騎兵の制服のどちらかを着込むと、そのまま寝るまで一切、着替えなかった。どちらかといえば緑色の猟騎兵の服を好んだようだ。執務となればせわしなく歩き回り、ペンを振り回し、口述筆記で声をからす。食事は異常な早食いで、公式の晩餐でも戦場にいるときのように一〇～一五分ですませてしまう。だから彼の軍服はいつでもインクとかスープのはねとかで汚れていたが、本人はまるで気にしていなかった。

彼は、将軍や大臣が華麗な制服を着て、豪華な生活をすることを奨励したが、主に国内の産業振興と、帝国の権威付けを考えてのことで、本人はいたって身なりには無頓着だった。

ナポレオンが若い頃、初めて当時のボスであるバラスの愛人たちのサロンに行った際にも、擦り切れてあまりにみすぼらしい軍服姿で、女性たちから呆れられたという。もっとも、当時のナポレオンは直前まで失業状態だったので、貧しかったのも無理はない。

ここで、ナポレオンを馬鹿にして相手にしなかったのが、バラスの一番のお気に入りだったテレーザ・タリアンで、後にナポレオンは権力者になると、彼女を社交界から追放した。一方、若者の将来性を感じて興味を示したのが、ジョゼフィーヌ・ボーアルネだった。

ナポレオンは一七九六年にジョゼフィーヌと結婚した。彼がジョゼフィーヌをいかに愛していたか、というのは有名な話だからここではこれ以上言及しないが、いずれにしてもナポレオンがエジプト遠征に出発した一七九八年五月には、ナポレオンは浮気をする気満々になっていた。それで、遠征軍に紛れ込んでいた男装の麗人（将校の軍服を身に着けていたという）ポーリーヌ・フーレと初の浮気をする。彼女はフーレ中尉という将校の新妻だったが、ボナパルト司令官【図7-9】は彼に適当な書類を預けて連絡任務に出してしまう。ところが彼の乗った船は英海軍に拿捕され、事情を察した英海軍はフーレ中尉をわざと送還し、三角関係の修羅場を演出したそうである。英海軍のホレーショ・ネルソン提督がナイルの海戦でフランス海軍を撃破して退路が危うくなったナポレオンは、有名なロゼッタ・ストーンを発掘した後、政情が騒然となっていたパリに単身で戻ってしまう。ポーリーヌとの仲はそれで終わった。ちなみに、ここで置き去りにされた遠征隊の一員にジャン・ランベール・タリアンがいた。バラスの

［上］**図7-8-1**：親衛猟騎兵の軍服姿（右）
［右］**図7-8-2**：緑色の親衛猟騎兵の制服を着用するナポレオン

［上］**図7-6**：フランス共和国第一執政の赤い制服を着たナポレオン・ボナパルト（アングル画）
［下］**図7-7**：ダヴィッド画「テュイルリー宮殿の執務室に立つ皇帝ナポレオン」。紺色と白、赤を基調とする親衛擲弾歩兵連隊の軍服を着ている

愛人テレーザ・タリアンの名目上の夫である。彼は英軍の捕虜となり、一八〇一年に帰国して妻と離婚した。

ポーランド風軍服

浮気の味を覚えたナポレオンは、たびたび色々な女性をつまみ食いしたが、ワルシャワに入城した後の一八〇七年一月、二〇歳の人妻マリア・ヴァレフスカ【図7-10】に一目惚れしてしまう。彼女の夫は、実家の貧窮を救うために結婚した、四六歳も年上の伯爵だった。マリアはナポレオンの激しい求愛を断るが、最後のポーランド王スタニスワフ二世の親族、ジョゼフ・アントニ・ポニャトフスキ公爵【図7-11】を始め、ポーランドの貴族たちが争ってやって来て、どうかフランス皇帝の愛人になってほしい、と懇願した。夫のヴァレフスキ伯爵まで勧める有様だった。

ポーランド王国は、プロイセンとオーストリア、ロシアによる分割を経て、一七九五年に消滅していた。最後の国王スタニスワフ二世はロシア女帝エカテリーナの愛人で、初めは女帝の傀儡としてふるまったが、愛国心に目覚めて激しく抵抗するようになった。立憲君主制を布き、すでに形骸化していた有翼騎兵に代わる新しい騎兵部隊ウーランを創設した。この部隊が一七八五年に採用した制服が、カッコいいということで大評判になった【図7-12】。襟が小さなドイツ風の軍服を改良し、胸全体を埋める、板のように大きな折り返し襟を取り付けた。頭にはチャプカと呼ばれる頂部が四角形の帽子を被った。襟や袖口には波型の模様が入った。この制服の大きな折り返し襟がフランス陸軍に影響を与えた。王政最末期の一七八六年に、フランス軍はウーラン型の新型軍服を採用している。つまり、ポーランド式の大きな襟が、ナポレオンも愛用した軍服、いわゆるナポレオン・ジャケットの形式なのである。これ以後、このポーランド風の制服は、槍騎兵の制服の代名詞となって普及する。ハンガリー風の肋骨服が軽騎兵の代名詞になったように、である。

図7-9：カイロのナポレオン・ボナパルト司令官。将官用の軍服を着ている（ジェローム画：1863年）

図7-10：マリア・ヴァレフスカ（ジェラール画）

ポーランドが消滅すると、ウーラン部隊の生みの親のスタニスワフ王は、ロシア軍に逮捕されて監禁された。部隊はポーランド騎兵として、多くがフランス軍に移籍した。ナポレオンの皇帝親衛隊にも一八〇七年三月にポーランド槍騎兵部隊【図7−13】が創設されて、各地で活躍している。マリアの捨て身の献身もあり、ナポレオンはプロイセンから旧ポーランド領を取り上げ、ワルシャワ大公国として独立させた。しかしこのことは、ロシアとプロイセンの恨みを買い、ナポレオンの没落の遠因の一つとなる。ポーランド騎兵を率いてフランス軍で奮戦したジョゼフ・アントニ・ポニャトフスキは帝国元帥にまで昇進したが、一八一三年一〇月の作戦中に負傷し、川を渡りきれず溺死した。マリア・ヴァレフスカはナポレオンとの間に男の子を生み、ナポレオンがエルバ島に流されると妻や愛人の中でただ一人、会いに行っている。セントヘレナ島にもついて行く、とナポレオンに申し出たがこれはかなわなかった。彼女は本心から皇帝を愛していたのだ。

一八〇五年一二月二日。戴冠式から一年後のこの日、ナポレオンはアウステルリッツでオーストリア、ロシア連合軍を破り、翌年七月にドイツ諸邦を集めてライン同盟を結成。マリア・テレジアの孫フランツ二世は神聖ローマ帝国を解散し、オーストリア皇帝フランツ一世となった。これに激怒したのがプロイセン王国である。だが、フリードリヒ大王の時代に世界を震撼させた無敵プロイセン軍も、この時期には完全に形骸化していた。

スペンサーとタキシード

この当時、スペンサー・ジャケット、あるいは単にスペンサーと呼ばれる上着が流行し始めていた。裾を短くカットした燕尾服スタイルの上着のことだ。ナポレオン風の燕尾服型ジャケットが主流の時代に、それは非常に斬新に見えた。名前の由来になった英国の第二代スペンサー伯爵ジョージ・スペンサー

［上］**図7−11**：ポーランド槍騎兵（ウーラン）を率いて突撃するポニャトフスキ上級大将。独特のチャプカ帽に注目（ウッドヴィル画：1912年）
［下］**図7−12**：ポーランド軍団を率いてフランス軍に協力したヤン・ヘンリク・ドンブロフスキ大将（部分）。ポーランド槍騎兵独特のチャプカ帽と大きなボタン留めの襟に注目

図7-13：ナポレオン軍皇帝親衛隊のウーラン部隊将校

【図7-14】は、閣僚を歴任した大物貴族だった。ちなみに第八代スペンサー伯爵はダイアナ妃の父。第二次大戦中の英国首相ウィンストン・スペンサー・チャーチルもスペンサー家の末裔の一人だ。二代スペンサー伯は一七九四年から一八〇一年まで第一海軍卿（海軍大臣）を務めた。フランスで革命戦争からナポレオンが台頭した時期で、まさに同時代人である。ある日スペンサー伯は、乗馬用の燕尾服を着て狩りに出た。英国では赤い燕尾服の上着に白いズボン、という配色の服装で狩りに出かけることが、一八世紀末から流行していた。アメリカ独立戦争の終結後、英陸軍の軍服のために用意された赤い上着用の生地と、白い半ズボン用の生地が大量に在庫していたからである。この種の上着は、日に焼けると褪色するので「ピンク・ジャケット」【図7-15】と呼ばれる。

その日スペンサー伯は、イバラに燕尾服の裾を引っかけて破いてしまった。そこで、裾をカットしてみたところ、なかなかカッコいい、ということになった。また別の説では、野営中に、たき火の火が裾に燃え移って焼けてしまったのが発端という話もある。いずれにしても、こうした逸話から生まれたジャケットがスペンサー、あるいはスペンサー・ジャケットと呼ばれて人気を得たのである。この短丈ジャケットは海軍大臣であるスペンサー伯爵の部下、英国海軍の士官たちが取り入れるようになり、食事のときに着る礼装メス・ジャケット Mess jacket【図7-16】として流行した。狭い軍艦内の食堂では、燕尾服より裾がない上着の方が便利だったためだ。一八二〇年代には正式な英海軍の制服として取り入れられた。このメス・ジャケットは二一世紀の今日でも、世界中の軍隊で夜会服として採用されている。

イギリス陸軍でも主に若手将校用として、裾のない軍服がコーティ Coatee の名で普及した。英国だけでなく、フランスやプロイセン、ロシアなど外国でも模倣された。ナポレオン軍でも、若手将校はしばしば裾が短いコーティを着ているが、これもスペンサー・ジャケットの一変形だった。もちろん軍服としてだけでなく、一般の紳士服にもスペンサ

図 7-14：第 2 代スペンサー伯爵

図 7-17：ビーバー皮のスペンサーを燕尾服の上に着る紳士

図 7-16：英海軍のメス・ジャケット

図 7-15：狩猟用のピンク・ジャケット

ー・ジャケットは取り入れられた。当時の記録画によれば、ビーバー皮でできたスペンサーを燕尾服の上から重ね着している紳士【図7-17】の図などもある。現代の防寒ブルゾンのように着用していたらしい。

さらに大きな影響を与えたのが、同時代の女性用の衣服だった。まずは英国の女性たちが乗馬時にドレスの上に羽織るジャケットとして、このスペンサー・ジャケットを着用し始める【図7-18】。英国ではカントリー暮らしが憧れの対象になった時期で、裾のない上着は、女性のスカート姿とよく合った。ちょうどフランスでは革命を経て、古代ローマ風の薄いモスリン生地のドレスが流行し始めていた。ほとんどセミヌードのような挑発的なスタイルを流行させたのは、バラスの愛人タリアン夫人だったという。ナポレオンの帝政時代にエンパイア・スタイルとして定着する服装である。しかし当時は世界的に寒冷な時代で、地中海風のファッションには無理があったから、フランスを始め、欧州大陸では乗馬時はもちろん、日常的にも防寒の意味でスペンサー・ジャケットが着られるようになり、以後、長く流行した。今でも女性用の短ジャケットをスペンサーと呼んでいる。

少し後の話になるが、この流れを汲む紳士服は、ヴィクトリア時代に英国で室内用のスモーキング・ジャケット【図7-19】としてもてはやされ、一八七六年にはエドワード王太子（後のエドワード七世）がディナー・ジャケットの名で略礼装として流行させた。一八八六年に米ニューヨーク州のタキシード・パークで開催されたパーティーで、ナサニエル・グリスウォルド・ロリラード（タバコ王ロリラードの息子）が英国で仕立てたこの服を着用して絶賛され、アメリカでは「タキシード」【図7-20】の名で大流行することになる。

女性用軍服とフロックコートの登場

スペンサー・ジャケットは、世界初の女性用軍服を生み出すことにもなった。プロイセン王フリードリヒ・ヴィルヘルム三世の妃、ルイーゼ王妃【図7-21】が着ていたとされるスペンサー・ジャケットがそれである。現物は今もドイツに残っている。記録によれば同じ生地のスカートも作られたが、そちらは現存していない。王は美しく聡明なルイーゼ王妃を愛し、愛人などを作ることもなく、おしどり夫婦として有名だった。

ナポレオンとの開戦の危機が高まった一八〇六年の初め、フリードリヒ・ヴィルヘルム三世【図7-22】は、当時としては異例なことながら、ルイーゼ王妃を陸軍の精鋭部隊、第五竜騎兵連隊の名誉連隊長に任命した。人気が高い王妃を目立つ立場にして、部隊と国民の士気を高める狙いだった。それというのもこの王様自身は聡明だったが、地味な性格で目立つことや社交が苦手、非常に無口で、国民の人気も高くなかったのである。以後、プロイセン第五竜騎兵連隊は「王妃 Königin連隊」と呼ばれることになった。

ナポレオン軍との戦争が始まると、王妃は自分の連隊を閲兵した。国王は、彼女のために専用の軍服を誂えることにした。当時、同連隊の制服は明るい青色で、襟はカーマイン（洋紅）色、それにボタンホールにプロイセン軍伝統のリッツェンという装飾がつくのが特徴だった。将校は、当時としては標準的な、後ろ裾が長い燕尾服スタイルの上着だ。このときに王妃の服のデザインと製作を担当したテーラー、フランソワ・フォーゲル François Vogel は、王妃に男装させるのではなくて、あくまでも女性用のスペンサー・ジャケットとロングスカートの組み合わせを採用した。女性用の軍服、というのは恐らくこれが世界でも初めてだったと思われる。もちろんそれまでにも、ジャンヌ・ダルクやエリザベス一世など軍の先頭に立った女性はたくさんいた。男性用の軍服を着て部隊を率い、クーデターを起こしたロシアのエカテリーナ女帝のような人もいた。同女帝は君主として、率いる連隊の軍服の装飾を取り入れた閲兵用の「制服ドレス」も作らせており、女性の軍服の先駆的な事例を実践していた。しかし、女性のための公式な軍服、というものは、それまでなかったのである。

　王妃はこの閲兵式と、それから一か月後に第五竜騎兵連隊がイエナ・アウエルシュタットの戦い（一八〇六年一〇月一四日）に出撃する際に、このジャケットを実際に着用した、と記録されている。つまり少なくとも二回、公式な場でこの服を着て、それは大きな反響を呼んだ。プロイセン国民の間では、救国の女傑、よみがえったジャンヌ・ダルクと拍手喝采だった。一方で、フランス側からは「アマゾネスの女王」「女にすがらないと戦争もできないのか」と嘲笑の対象にすらなった。イエナ・アウエルシュタットの戦いでプロイセン軍が完敗し、ますます面目を失った王に代わり、ルイーゼ王妃はナポレオンに講和を求め、皇后ジョゼフィーヌにも働きかけた。その後の交渉でも厳しい態度のナポレオンに対し、懇願、説得、あらゆる必死の努力を続け、結局、プロイセンの領土は半減、兵力は抑制され、莫大な賠償金を課せられたが、最も恐れられたプロイセン王国の廃絶は免れた。とはいえナポレオンはルイーゼの頑張りと愛国心に心打たれ、警戒しつつも感嘆したという【図7–23】。その言葉に曰く「あの王妃がプロイセンでただ一人の真の男だ（le seul vrai homme en Prusse.）」つまり、ほかの男たちよりずっと肝が据わっていた、大した傑物だ、と言ったそうだ。

　この外交交渉での無理がたたったのか、王妃は四年後に三四歳の若さで病没。王も国民も反フランス抵抗運動と愛国心の象徴であったルイーゼの夭折を嘆き悲しんだ。プロイセン第五竜騎兵連隊は、一八一九年に第二胸甲騎兵「王妃」連隊となり、ドイツ帝国が敗北する一九一八年まで一世紀にわたって存続した。

　屈辱的な敗北の後、プロイセンでは参謀総長ゲルハルト・フォン・シャルンホルスト将軍や、アウグスト・フォン・グナイゼナウ元帥の努力により、国民軍ラントヴェーア【図7–24】が編成されて軍の近代化が急速に進む。猛将ゲプハルト・フォン・ブリュッヘル元帥を総司令官に据えて再起を虎視眈々と狙うプロイセンは、ナポレオンがロシア遠征に失敗するや、一八一三年三月にフランスに宣戦布告した。このときに、フランス式の二角帽やシャコー（筒型帽）よりも、学生帽型のシルムミュッツェ（ツバ付き帽）が好まれるようになり、将官たちは正肩章よりも飾緒を着けるようになったことは1章で取り上げた。

　また、この新しいプロイセン軍では、ドイツ語でユーバーロックと呼ばれる丈の長い上着が着られるようになった。英語でいうフロックコートである。一八〇七年にフリードリヒ・アウグスト・フォン・デア・マルヴィッツ少佐が組織した反仏義勇軍の制服として初めて登場し、これがプロイセンを代表する軍服となる。この服にはリテフカという異名もあるが、これは「リトアニア風の」という意味で、東欧風の上着という印象だった。つまりグスタヴ二世アドルフの時代に田舎くさい、と蔑まれた東欧風軍服が、ここにきて復活したのである。

　フロックコートはナポレオン戦争中からロシアや英国、フランスでも流行し、戦争後は燕尾服型のナポレオン・ジャケットを駆逐して、世界の軍服の主流となっていった。

裏返しの軍服

　フリードリヒ・ヴィルヘルム三世が美貌の王妃を交渉役にしたのは、すでに多くの愛人と浮名を流していたナポレオンの歓心を買おうという計算もあったと思われるが、ナポレオンはルイーゼ王妃とは距離を置いた。タイプとしては好みだったようだが、ナポレオンは高貴すぎる女性と、優秀すぎる女性は苦手だったのである。ルイ一六世の財務総監として有名なネッケルの娘、スタール夫人にアタックされたときも、ナポレオンは頭が切れる彼女を敬遠した。夫人は後々まで反ナポレオン運動を展開することになり、後年、ナポレオンは「卓越した、才気煥発の女性だった。夫人が私の味方についていたら、私は得るところがあったかもしれない」などと後悔しているほどである。

　実際のところ、ナポレオンは人を見る目は鋭かったが、人の使い方が上手かったとは言

図 7−20：タキシード

図 7−19：19 世紀後半に
流行したスモーキング・ジャケット

図 7−18：スペンサー・ジャケットを
着る 19 世紀の女性

図7-24：プロイセン国民軍（ラントヴェーア）の兵士

［左］図7-21：プロイセンのルイーゼ王妃
［右］図7-22：プロイセン王フリードリヒ・ヴィルヘルム3世

図7-25：ダヴー元帥。皇帝親衛隊の擲弾兵上級大将（最先任将官）として右肩に飾緒を付けている（1852年の肖像画）

図7-23：ティルジット条約の調印式（1807年）で、プロイセンのルイーゼ王妃の手を取るナポレオン。後ろはロシア皇帝アレクサンドル1世、右はプロイセン王フリードリヒ・ヴィルヘルム3世（ゴッセ画）

い難い。緑色の軍服を着たロシアの大軍との決戦前夜、一八一二年九月六日のボロジノ近郊で、ルイ・ニコラ・ダヴー元帥【図7-25】は、ナポレオンの戦略の見通しが甘いことを直言した。翌日、ダヴーの第一軍団と、彼の僚友ミシェル・ネイ元帥【図7-26】の第三軍団は、ロシア軍のミハイル・クトゥーゾフ元帥が築いたセミョノフスカヤの堡塁を攻略し、皇帝は正面からボロジノに向かって決戦を仕掛けることになっていたが、ダヴーはそれが命取りになることを直観していた。翌日の戦いでは、両軍ともに多大な犠牲者を出し、ナポレオンはそのままクトゥーゾフにおびき出されるままモスクワに入城し、すべてを失う結果になる。

一八一五年六月一八日、ワーテルローで最後の決戦に臨むとき、ナポレオンのそばにダヴーの姿はなかった。最優秀の側近を参謀にするのではなく、軍部大臣に任命してパリに置いてきてしまった。従順な女性と従順な部下を好んだナポレオンは、最後まで優秀すぎる部下が煙たかったのかもしれない。エルバ島からフランスに戻ったナポレオンを逮捕するためにルイ一八世から派遣されてきたミシェル・ネイは、ナポレオンに再会するとすぐに忠誠を誓った。参謀の才能はない。野戦指揮官としては有能だが、力尽きて捕えられ、一二月七日にルイ一八世の命で銃殺された。ナポレオンがスウエーデン国王に就けたジャン・バプティスト・ベルナドット元帥ことカール一四世はとっくに反ナポレオン同盟に加わっており、妹の夫でナポリ王にまでしてやったジョアキム・ミュラ元帥も保身に走って裏切っている。長年、ナポレオンの参謀長を務めたルイ・アレクサンドル・ベルティエ元帥は、ナポレオンの復帰後、懊悩し、ワーテルローの決戦の直前、六月一日に謎の転落死を遂げた。

ナポレオンがセントヘレナ島に流されると、何年も着古した緑色の猟騎兵の軍服がついに擦り切れてきた。そこで新しい服を新調しようとしたが、セントヘレナ島に緑色の生地はなかった。あるにはあったが、黄緑色の軽薄な色で、とてもナポレオンが着るのにふさわしくない色だったので、やむなく古い軍服を裏返しにして着たという。

一八二一年五月五日にナポレオンは死んだ。まだ五一歳だった。最期の言葉は、「フランス、先頭、軍隊（France, tête Armée）」だったと伝わるが、さらにもう一言、「ジョゼフィーヌ」と呟いたともいう。そのジョゼフィーヌはナポレオンが最初の退位でエルバ島に流された直後、一八一四年五月に亡くなっている。彼女と離婚してから迎えたオーストリア皇帝の娘、皇后マリー・ルイーズは、すでにナイペルク伯爵【図7-27】と関係があり、子どもまでできていた。ナイペルク伯とは、フリードリヒ大王と初戦で戦ったナイペルク将軍の孫である。

ナポレオンの愛人マリア・ヴァレフスカは、傷心のあまり一八一七年に三一歳で世を去った。彼女とナポレオンの息子アレクサンドル・コロンナ・ヴァレフスキは、ナポレオンの甥であるナポレオン三世の政府で閣僚となった。

図7-26：ミシェル・ネイ元帥（1805年頃の肖像画）

図7-27：ナイペルク伯爵。モルヴィッツでフリードリヒ大王と戦ったナイペルク将軍の孫で、ナポレオンの皇后マリー・ルイーズと再婚した

8章 トラファルガー海戦と海軍の軍服
——マリンルックの原点

「全ての縫い目に金の刺繍を入れる」といったおおまかな規定があるだけで、かなり各人の自由が許された。フランス海軍は、この時期が最も活躍できた時代で、私掠船（国家公認の海賊）の船長ドゥゲ・トゥルーアンやジャン・バール【図8－1】が名を上げて、前者は海軍中将、後者は戦隊司令官（少将）の階級を授けられているが、彼らもこのような、初期の青い軍服を着ていたに違いない。

一七四八年に、英海軍が紺色の士官用制服「ブルーコート」を導入した。海軍卿・男爵ジョージ・アンソン提督【図8－2】が定めたものだ。この時期、英陸軍と海軍で軍人の階級制度が整備され、統一的な軍制が定められた

ネイビーブルーの登場

ここまでは主に、陸軍の制服を中心に見てきたが、海軍の方はどうなっていただろうか。世界で最初に導入された海軍の軍服は、

一六六九年、ルイ一四世時代のフランス海軍の士官用制服で、青地に金色の装飾、赤いベストに赤いホーズ（靴下）といったいでたちだ。陸軍がペルシャ風の軍服を導入したのとほぼ同時期で、型式も似たものだ。当時は、

図8－1：ジャン・バール少将（戦隊司令官）

のが契機となった。また、英国が進出したインドからインディゴ染料が入ってきて、青い生地が量産できるようになったことも背景にある。当時の軍服として標準的なジュストコール型に黒い三角帽で、金色の刺繍が入る。この青い軍服が「ネイビーブルー」の名を世に広めることになった。アパレルの世界で、紺色を「ネイビー（海軍）」と呼ぶ理由である。一八世紀以後、英国が世界最強の海軍国として君臨し、二〇世紀の初めまで続くなかで、世界の海軍のユニフォームは英国式が国際標準となった。

英海軍士官の制服は、同時代の欧州の陸軍軍服の流行に従って、ジュストコール型から一七八七年にはドイツ風の折り返し襟が左右に開く軍服になり、一七九五年には正肩章付きのナポレオン・ジャケット型に進化している。同年に帽子も二角帽に改正された。白いウェストコート（ベスト）に白い半ズボン、黒いストラップ・シューズを合わせる。

この間、フランス海軍も襟や袖口の赤色、金糸の刺繍など、伝統的な様式を受け継いだ軍服を維持していた。前合わせはジュストコール式のシングルから、フランス革命期の一七九〇年代には、陸軍と似たダブルになり、ベストやズボンも白に変更されている。

このように、ネイビーブルーに金色の装飾という、かなり似通った軍服を着て、ナポレオン戦争時の英仏海軍は激突することになった。

隻眼、隻手の提督

歴史上、もし有事、非常時でなければ、絶対に出世しなかっただろう、という人物は多い。豊臣秀吉やナポレオンは典型だし、第二次大戦でいえば、アメリカのパットン将軍や、ドイツのロンメル元帥などもその種の人々だろう。有能で個性的であり、型にはまらず、部下からの信望は厚い。平時の事なかれ主義の時代には「出る杭」として潰される可能性が高い。

英海軍か生んだホレーショ・ネルソン提督**【図1-21】**もまさにそういう人物である。

一七五八年生まれのネルソンは、ナポレオンより一　歳、年上だ。牧師の息子だったが、

図8-2：英海軍の士官用制服を採用したアンソン提督（1748年頃の肖像画）

図8-3：麦わら帽子を被ったエマ・ハート。後にネルソン提督の愛人となるエマ・ハミルトンである（ロムニー画、1782～94年頃）

叔父が海軍で出世していたので、士官候補生として海軍に入隊した。その後、カリブ海の西インド諸島で艦隊勤務をし、アメリカ独立戦争にも英軍側の海上作戦に参加している。一七七九年に大佐に昇任し、九三年、戦列艦の艦長に昇格した。この年の八月にサミュエル・フッド提督の英艦隊がフランスのトゥーロン軍港を占拠し、フランス王党派を支援した。若き砲兵指揮官ナポレオン・ボナパルト大尉が一気に大佐に昇進して、トゥーロンの戦いを制し、歴史に最初の名を刻んだのはこの年の暮れである。このとき、トゥーロン攻防戦の支援を求めるために、ネルソン大佐は英海軍を代表してナポリ王国に赴いた。そこで出会ったのが、駐ナポリ英国公使の夫人エマ・ハミルトン【図8-3】だった。後にエマはネルソンの終生の愛人となる。彼女は美貌の売れっ子モデルで、フランスでバラスの愛人たちのサロンから流行し始めたギリシャ、ローマ風の薄いドレスを、英国で流行させたのはエマだと言われる。

翌一七九四年、ネルソン大佐の分艦隊はナポレオンの故郷、コルシカ沖の作戦に加わったが、陸戦の指揮を執った際に、ネルソンは右目を失明した。

一七九六年八月、ナポレオンがイタリア戦線で活躍し始めると、英国の味方だったスペインがフランス側に立って宣戦してきた。英海軍は地中海から撤退することになり、ネルソン戦隊はエルバ島（後にナポレオンが流刑にされる島）の英陸軍守備隊の撤収を支援することになった。翌一七九七年二月一四日にジョン・ジャービス提督の英艦隊は、サン・ビセンテ岬の沖合でスペイン艦隊を捕捉した。この際、ネルソン代将は上司に無断で敵の陣形を乱し、勝利をもたらして海軍少将に昇進、バス勲章を受勲して騎士となった。七月にテネリフェ島のスペイン海軍基地に強襲上陸を仕掛け、今度は右腕に銃弾を受けて切断した【図8-4】。とにかく高級士官なのに、最前線に立ちたがる男であった。

一七九八年五月、ナポレオンは英国とイン

図8-4：テネリフェ島のスペイン海軍根拠地を強襲して右腕を失ったネルソン提督

図8-5：フランス海軍のブリュイ中将。ナイル海戦で艦と運命を共にした（1895年以前の肖像画）

図8-6：フランス海軍のヴィルヌーヴ中将

ドを遮断するべく、トゥーロンから出航してエジプト遠征に出発した。ネルソン艦隊は嵐で損傷艦が出て、ナポレオン艦隊を捕捉できなかった。ナポレオンはカイロを占領し進撃を続けたが、八月一日にネルソン艦隊はアブキール沖でフランス艦隊を奇襲した。このナイル海戦で、フランス艦隊は一七隻のうち一三隻を失い、指揮官フランソワ・ポール・ブリュイ中将【図8-5】が戦死した。英艦隊は一隻も失わず、ネルソンは男爵の爵位を得て、貴族に列することになった。英海軍に退路を断たれたナポレオンはエジプトを離れ、一七九九年一一月にフランス共和国の第一執政に就任した。

一八〇〇年に、ネルソンはウィリアム・キース提督に無断で艦隊を動かし謹慎させられた。翌年に復帰したネルソンは中将となり、ハイド・パーカー大将のバルト海艦隊に編入された。一八〇一年四月二日、デンマークのコペンハーゲンで、港に殴り込みをかけたネルソンは、通信士官から、「パーカー長官の旗艦が戦闘停止を命じる信号旗を掲げています」と告げられると、見えない右目に望遠鏡を当てて「何も見えないぞ」と言い、またしても上官の命令を無視した結果、大勝して子爵となった。とにかく命令違反の多い男だった。

一八〇三年、ネルソンは地中海艦隊司令長官に任命された。一八〇四年一二月に皇帝として戴冠したナポレオンは、英国上陸進攻を考え、フランス北部の港町ブーローニュに大軍を集結させた。一八〇五年三月、ネルソンはトゥーロン軍港を封鎖していたが、警戒をかわして脱出したフランス艦隊は、スペイン艦隊と合流した。ここでまんまとネルソンの裏をかくことに成功したのが、フランス海軍の指揮官、ピエール・ヴィルヌーヴ海軍中将【図8-6】だった。

一七六三年生まれのヴィルヌーヴはネルソンより五歳若く、皇帝ナポレオンよりは六歳ほど年長である。王政時代にフランソワ・ド・グラス提督の率いる艦隊に属し、アメリカ独立戦争に参加しているので、ネルソンと同じ時期に、敵同士としてアメリカにいたことになる。その後、フランス革命期には、貴族出身ながら実直な人柄と、革命を支持する態度から海軍でのキャリアを失わずにすんだ。一七九三年に大佐、九六年に海軍少将に昇任し、九八年のナポレオンのエジプト遠征艦隊に加わった。そして、ナイル海戦でフランス艦隊はネルソンに壊滅させられるのだが、ヴィルヌーヴはなんとか逃れ出た四隻のうちの一隻を率いていた。それで彼は、幸運な男とも、慎重で戦意不足な指揮官とも見なされるようになった。

ヴィルヌーヴは一八〇二年まで西インド諸島におり、トゥーロン艦隊の指揮官ド・ラトゥーシュ・トレヴィル中将が〇四年八月に病死したため、後任に補職されたのだった。

「英国は期待する」

トゥーロンを出航したヴィルヌーヴはフランス、スペインの連合艦隊を率いて西インド諸島に向かい、大西洋を再び横断して、スペインのカディス港に入った。この間、ネルソンは七月まで、ヴィルヌーヴ艦隊を追跡したが翻弄され続けた。ロバート・カルダー提督の部隊がフィニステレ岬沖で遭遇戦をしかけたが、主力に影響を与えることはできなかった。

皇帝ナポレオンはヴィルヌーヴ艦隊に、ブレスト港に進出して英仏海峡に突入するよう求めていたが、カディスに入ったことを知るとこれを諦め、代わって再度、カリブ海に向けて出航するように命じた。ネルソン艦隊をおびきよせ、その隙に英国上陸作戦を敢行する計画だ。しかしヴィルヌーヴは無謀な作戦を実行せず、怒ったナポレオンはヴィルヌーヴを臆病者として解任し、後任に、かねてから出世を望んで自分を強く売り込んでいた野心家フランソワ・ド・ロジイ・メスロ海軍中将を充てる命令を発した。一〇月一八日にドニ・ドクレ海相からの通知で自らの解任を知ったヴィルヌーヴは自暴自棄となり、後任者ロジイが着任する前に出撃する覚悟を固め、一〇月二一日に、独断でカディスを出港してしまった。

こうして、歴史に残るトラファルガー沖海戦【図8－7】が生起するのである。

フランス艦隊の動きを監視していたネルソンは、ただちに艦隊を動かし、歴史的な命令を発した。これが決戦になる、と確信していたのだ。「英国は期待する。各員がその義務を果たさんことを（England expects that every man will do his duty）」

ネルソンは旗艦ヴィクトリーを先頭に左の縦列を率い、右縦列はロイヤル・ソヴリンに座乗するアメリカ独立戦争以来の僚友カスバート・コリングウッド中将に任せて突進した。敵の迅速な機動に慌てたヴィルヌーヴは、またカディス港に逃げ込もうとし、艦隊の陣形は乱れて延びきってしまう。やむを得ず全艦左回頭して横陣のまま戦うことになった。

五時間にわたる乱戦でヴィルヌーヴ艦隊は約二〇隻が拿捕されるか喪失、一一隻がカディスに逃げ込んだ。ネルソン艦隊は喪失艦ゼロの完勝だった。しかし、最終段階になって、先頭を行くヴィクトリーに敵の攻撃が集中した。危険が増す中、僚艦のテメレールを先頭に出しましょう、という部下の進言をネルソンは無視した。ヴィルヌーヴの旗艦ビュサントールと撃ち合いながらその背後に出たところ、今度はフランス艦ルドゥタブルに阻まれ

図8－7：トラファルガー海戦（マイエ画）

図8－8：狙撃され倒れたネルソン提督（マクリース画、1859～64年）

た。ルドゥタブルのマストに配置された狙撃手が、ヴィクトリーの甲板上に目立つ提督の軍服を見つけた。ネルソンは基本的に目立ちたがり屋である。当時、勲章を日常的に胸に帯びる習慣はナポレオンが広めつつあったが、海軍ではあまりないことだった。プロイセンが鉄十字勲章を定めるのは一八一三年のことである。ネルソンの胸には、バス勲章、ナイル海戦の功労でオスマン皇帝から授与された三日月勲章、さらに聖ヨアキム勲章、ナポリ王室から授かった聖フェルディナンド勲章の四つが輝いていた【図1-21】。三日月勲章と聖フェルディナンド勲章は、ネルソンのためにわざわざ新規に制定された特別製である。

図8-9：ターナー画「戦艦テメレール号」（1839年）

海戦に大勝しながらも、ネルソンは戦いの最終局面で狙撃兵の銃弾を受けて倒れた【図8-8】。彼は愛人エマと子どもの行く末を最期まで心配していた。そして「神に感謝します。私は義務を果たしました（Thank God, I have done my duty）」と呟いて、絶命した。

ネルソンの危惧した通り、エマは愛人ゆえにネルソンの財産や爵位はネルソンの兄の家系に渡った。エマは貧窮の中で一八一五年に死去したが、娘のホレイシアは牧師と結婚して堅実に生きた。

ヴィルヌーヴ提督は海戦で捕虜となって英国に渡り、ネルソンの葬儀に参列した後、帰国を許された。しかしフランス海軍は彼の復職を許さず、一八〇六年四月二二日、レンヌのホテルで死体となって発見された。自殺とされているが、英国の新聞は、彼がナポレオンの命令で暗殺されたのだ、と報じた。真相は今でもわからない。

カディスに逃げ戻った艦隊は、結局、ヴィルヌーヴの後任者ロジイ・メスロが指揮することになったが、制海権を失ったフランス海軍にもはや活躍の場はない。ナポレオンは英国進攻を諦めてオーストリア戦線に向かい、艦隊は忘れ去られた。一八〇八年になって、ナポレオンはスペイン王室の内紛に介入し、兄のジョゼフをスペイン王位に就ける。これがスペイン国民の怒りを買い、全土でゲリラが蜂起した（ゲリラ＝小さな戦争という言葉は、このスペインでの戦いで生まれた）。カディス港も安全でなくなり、スペイン籍の軍艦は敵に回った。ロジイは六月に投降し、フランス艦五隻がスペイン側に拿捕された。ロジイはその後、王政時代まで生き延び、特に大きな功績はなかったが上手く立ち回り、要職を歴任した。

ロジイ艦隊を救出するためにカディスに向かったピエール・デュポン中将の軍団はバイレンで大敗して降伏した。これはナポレオン軍にとって初の降伏で、激怒した皇帝はデュポンを投獄した。彼はナポレオンの失脚後に復帰し、王政時代には閣僚を務めて栄進した。

ネルソンの旗艦ヴィクトリー号はポーツマス軍港で記念艦として現存し、今も英国軍艦籍にある。僚艦テメレール号は一八三八年に解体されたが、その最後の姿はジョゼフ・ターナーの有名な絵画『戦艦テメレール号』【図8-9】に永遠に記録された。

ブレザーとセーラー服

一八五六年になると、ネルソンが着ていたような燕尾型のナポレオン・ジャケット型軍服は礼装扱いとなり、常装としてはフロックコートかブレザーにネクタイといった現代型の服装に変わってくる。常装から正肩章が廃れたこの時期、海軍将校の階級は袖のラインで示すようになる。これは英海軍の一七九五年モデルの軍服から将官用の装飾として始まり、下の階級に及んでいって、一八五六年までに、金線四本で大佐、三本で中佐といった形式が定まった。民間の船会社はもとより、二〇世紀に入り、航空会社のパイロットなどもこれを採用し、四本が機長、三本が副操縦士などという階級表示を現在も使用している。

夏服として白い服を着る、というのも、英海軍が一九世紀後半、インドやアフリカの暑い地域で始めたことだ。ネイビーブルーと白という取り合わせのマリンルックは、こうして英海軍から始まって、今では広く一般のファッションにも取り入れられている。

もう一つ、海軍といえば金ボタンである【図8−10】。メタルボタンの軍服への採用は一八世紀に一般化した。金属の加工技術が進んで製作しやすくなり、王室の紋章や所属部隊の番号などを刻印する技術も進んだからで、金属ボタンは軍服らしさを視覚的に高める上に、丈夫でもある。一七四八年の英海軍最初の制服のボタンは、英国王室を示すチューダー王家の薔薇の紋様だった。一七七四年に錨のマークを採用し、一八一二年に「王冠に錨」のマークに変更した。日本の徳川幕府海軍が後にこれを模倣して「三つ葉葵に錨」の

図8−10：英海軍の金ボタンの変遷。
上段左から1748年型、1774年型、1812年型。
下段左は徳川幕府海軍、右は日本海軍の金ボタン

紋章の金ボタンを採用した。一八七〇（明治三）年には日本海軍が「桜に錨」の金ボタンを制定し、一九四五年の終戦まで使用した。

海軍は軍艦に乗っているので、敵味方が直接入り乱れることは陸軍よりも少ない。士官用は早くから国家の軍服として規定が導入されたが、下士官・兵用の服装は、それぞれの軍艦ごとに主計長が適当に支給していた。そのため艦ごとにまちまちで、会計が裕福な艦と貧しい艦で差もついた。一九世紀半ばまで海軍の軍艦は独立会計で、実情は海賊船と大差はなく、私掠船免許＝海賊行為の国家公認免許を取って敵艦を拿捕したり、敵の拠点から略奪したり、という行為が多い船ほど裕福だったわけだ。水兵用の制服はヴィクトリア女王の時代、一八三七年（四五年との異説もある）に、英国軍艦ブレザー号が女王の観閲を受ける際、艦長の裁量で、士官だけでなく下士官や水兵にもそろいの被服を用意したものが最初と言われる。現在、紺色で金ボタンのジャケットを「ブレザー」と呼ぶのはこれが起源だとされる。ブレザーというのは、英単語としては「鮮やか」とか「派手」という意味だ。これとは別に、英国ケンブリッジ大学ボート部のユニフォームから生まれたスポーツブレザーがもう一つの起源というのも定説化している。こちらは、真っ赤な上着だったので、目に鮮やかな「ブレザー」という呼び名になったという。シングルのスポーツ用ブレザーと、ダブルのネイビー・ブレザーの二種類が、違う起源から生まれた、ということになるが、ネイビー・ブレザーの起源は軍艦ブレザー号、というのが英国海軍の公式見解である。

図8-11：セーラー服を着た幼少のエドワード７世（ヴィンターハルター画、1846年）

マリンファッションと言って欠かせないのは、やはりセーラー服だろう。四角い襟を持つおなじみのセーラー服は、一八三〇年代後半に英国海軍で原型がほぼ完成したようだ。独特の襟の理由は諸説あってはっきりしない。当時は高いマストの上で、声を聞くために襟を立てて聞いたのではないか、ということが有力な説の一つだ。一八五七年に、英国海軍の水兵用被服として正式支給が始まり、これ以後、世界中の海軍が真似をして、日本海軍も、それから現在の海上自衛隊も、セーラー服を使用している。

なお、ヴィクトリア女王がこの服を王子に着せたところ【図8-11】子供服として人気が出て、広まったのが今の日本の女子学生用セーラー服の原点だ。日本で最初にセーラー服を通学服として採用した女学校はどこなのか、福岡女学院と平安女学院の間で議論が続いているが、いずれにしても一九二〇～二一年の大正時代のことだ。従って、日本の明治時代を描いた小説やアニメでセーラー服の女学生を登場させてはいけない、ということである。

9章 クリミア戦争からボーア戦争――大英帝国とカーキ色の時代

真っ赤な軍服への疑問

英国が誇る英雄の一人、アーサー・ウェルズリーは、一度だけネルソン提督と会ったことがある。一八〇五年の夏、ネルソンはヴィルヌーヴ艦隊の追跡を諦めてロンドンに戻り、七月に陸軍・植民地大臣に就任したカスルレー子爵の元に出向いた。ウェルズリーの方は、中佐時代【図9-1】にフランス革命戦争に従軍した後は長く本国を離れ、インドでマイソール王国やマラータ同盟などの現地勢力と戦ってきた。東インド会社総裁として、彼の活躍を高く評価していたカスルレー卿は、ウェルズリー少将【図9-2】を本国に呼び戻したばかりだった。

すでに有名だったネルソンは、隻眼と隻手ですぐにウェルズリーにそれとわかったが、ネルソンは無名の陸軍少将を知らない。型通りの挨拶をしただけで先にカスルレー卿と対面したネルソンは、卿からウェルズリー少将の話を聞いたのだろう、部屋から出てきた時には態度を改め、熱心に対ナポレオン戦略について話したという。

もちろん、このときのウェルズリーは、閣僚に対する公式な伺候の席でもあり、真っ赤な陸軍少将の軍服を着ていたはずである。一六四五年、オリヴァー・クロムウェルの時代に登場した赤い軍服は、一七〇七年に公式化されて、ジュストコール型の軍服が定められた。四七年の改正で青い折り襟が付くドイツ風に改められ、六〇年には階級を示す正肩章と袖線章を付けるようになる。アメリカ独立戦争（一七七五－八三）でもそのような姿【図9-3】だった。一七九〇年からナポレオン・ジャケット型燕尾服に改め、将官は階級でボタンの数を変える方式となり、それに応じた刺繍飾りが付くようになった。帽子も三角帽から二角帽に変更した。英陸軍では一八〇二年から角を前後にして被る縦被りとなったので、その日のウェルズリーもそうしていたはずだ。一方、海軍は一八二〇年代まで横被りを続けていた。

その後、一八一一年末から英陸軍の将官は正肩章をやめて将官飾緒を右肩に着けることになり、帽子に白いダチョウの羽毛飾りを配するようになる。赤い地色に青い折り返し襟、それに金色のボタンと階級を示す金色の刺繍――と、かなり華美な服装【図9-4】である。

こういう派手な軍装を嫌う人たちもいた。何より、スペイン戦線での大きな軍功により一八一三年に四四歳の若さで一四〇人の先輩を追い越して陸軍元帥に昇任したウェリントン公爵アーサー・ウェルズリー【図9-5】本人が、あまりこの赤い正式軍服を好んでいなかった。

その当時、ロンドンではジョージ・ブライアン・ブランメル【図9-6】という人物が稀代の洒落者として人気を博していた。ファッション界でダンディズムの始祖とみなされている有名人である。元々、騎兵将校だったが、田舎での勤務を嫌って除隊。その人を食った態度と独特の服装センスで社交界の寵児となり、何より王太子ジョージ（一八一一年から摂政。二〇年にジョージ四世として即位）に気に入られて「ボー・ブランメル Beau Brummell」（洒落者ブランメル）の異名を取った。平民出身の無位無官ながら、人を人とも思わぬ言動で知られ、ベッドフォード公爵が彼に自分のコートに対する批評を求めたところ、しげしげ

［上］**図9-1**：アーサー・ウェルズリー中佐。26歳でフランス革命戦争に従軍した（ホプナー画、1795年頃）［下］**図9-2**：アーリー・ウェルズリー少将。インドで活躍した後、ネルソンと会う頃の肖像（ホーム画、1804年）

と公爵の上着を見てから襟をつまんだブランメルは、「ベッドフォード、君はこれをコートと呼ぶの？（Bedford, do you call this thing a coat?）」と嫌味な声色で言い放ったという。

ブランメルが広めたのが、紳士服のダークカラー化だった。それまでは紳士にしても軍人にしても、派手な色彩が当たり前だったが、ブランメルは、極力色の数を抑えて、紺や青、黒など地味な色彩を中心にしたコーディネートを流行らせた【図9-7】。彼がしばしば差し色的に黄色いベストを愛用したのは、ホイッグ党（自由党の前身）支持者だったからに他ならない。現代の男性が基本的に地味なダークカラーを着ているのは、この一人のダンディーの影響なのである。ウェリントン公も、そんなダンディー仲間の一人でもあった。摂政ジョージがブランメルの信奉者なのだから、当時のロンドンの貴族や高級軍人も皆、その影響を受けていた。ただし、トーリ党（保守党の前身）員であるウェリントン公は、青色一色のコーデを好んだのは言うまでもない。

一八一五年六月一五日の夜も、ウェリントン公はブリュッセルで開かれたリッチモンド公爵夫人シャーロット主催の舞踏会に出ていた。多くの将官や幕僚、高級将校も一緒である。ナポレオン軍が動き始めていることは先刻承知で、夜会に参加して御婦人方のお相手をするのは、ダンディーたるものの務めであった。しかし、ナポレオン軍がすぐそばまで急接近し、プロイセン軍のブリュッヘル元帥が部隊の集結を始めた、との報が届いたので、会場内もざわめきだした。シャーロットの娘で、公と親交が深いロス男爵夫人ジョージアナが状況を尋ねると、彼は「ええ、その話は本当です。明日はお付き合いできませんな（Yes, they are true. We are off to-morrow.）」と残念そうに言ったという。

翌日、ナポレオン軍との合戦場に出たウェリントン公は、赤い軍服ではなく、青い私物のフロックコートを着ていた。彼が戦場で好んで着ていたものだ。足元も地味な軽騎兵用のヘシアン・ブーツ（ドイツ・ヘッセン地方のブーツの意味）である。一見すると、彼が総司令官だということはわからない印象だ。副官のフィッツロイ・サマーセット中佐も、一八一一年頃から公認されていた、野戦用の青いダブルのフロックコートを着ていた。その年代あたりから英国陸軍では、コティー（短上衣）や紺色の略装、白い半ズボンに代えてグレーの長ズボン、軽騎兵用ブーツなどを、すべての兵科の将校が戦場で着用することを許可していた。

そもそも当時の英陸軍の軍服は、連隊ごとに調整されており、規定はあっても運用は非常にルーズだった。その日、カートル・ブラの十字路に攻めてきたミシェル・ネイ元帥のフランス軍を押し戻した猛将トーマス・ピクトン中将【図9-8】は、戦場で正式な軍服を着ることなどなく、青いフロックコートに民間用のビーバー帽（トップハット。当時はまだ絹を使ったシルクハットは存在しない）、手には軍刀ではなくステッキ（雨傘だったという説もある。ウェリントン公は軍人が傘を携帯することを禁止していたにもかかわらず、だ）、といういでたちだった。

［右］**図9-3**：アメリカ独立戦争で戦ったイギリス陸軍のウィリアム・ハウ少将。三角帽に古風なシルエットの上着だが、配色は後の時代に引き継がれたものだ（コーバットの版画、1777年）
［左］**図9-5**：ウェリントン公爵アーサー・ウェルズリー元帥。将官は正肩章を廃止し、右肩に飾緒を付けていた時代。ボタンがシングル合わせの略装のようである（ローレンス画、1817～18年）

図9-6：ジョージ・ブライアン・ブランメル

図9-4：英陸軍少将（1810年代）

図 9-10：現代のアイリッシュ近衛連隊兵士

図 9-8：ワーテルローの戦いで奮戦して戦死したピクトン中将の肖像。実際には赤い軍服はめったに着なかった（1815 年の肖像画）

図 9-7：ボー・ブランメルの風刺画。奇妙な服装として否定的に描かれた一枚（ダイトン画、1805 年）

図 9-9：ワーテルローの戦いで部下を激励するウェリントン公（ヒリングフォード画、1892 年）

この日の戦闘で負傷したピクトンは、一八日のワーテルローの決戦で「攻撃。行け、行け！」と叫んだところ、頭部に銃弾を受けて落馬し、戦死した。

ネイ元帥の突撃を、英軍の近衛連隊の方陣ががっしりと食い止めて、フランス軍は突破できない。ウェリントン公は激闘する兵士を激励して叫んだ。「みんな、我々は決して負けられん！　しっかり立つんだ、若い衆！　イギリスの連中はなんて言うだろうか？（Men, we must never be beaten! Stand firm my lads! What will they say of this in England?）」【図9-9】

そのうち青い軍服でそろえたブリュッヘルのプロイセン軍が応援に駆け付け、ナポレオン自慢の皇帝親衛擲弾歩兵が崩れ始めた。赤い軍服の英国近衛歩兵がついに親衛隊を打ち崩し、ナポレオンは敗走した。この戦勝を記念して、英国近衛擲弾兵連隊は背の高いベアスキン（熊毛）帽を被るようになった。ナポレオン軍の皇帝親衛擲弾兵の熊毛帽を真似したものである。一八三一年からは、すべての英国近衛連隊でベアスキン帽を着用することになった。今でもバッキンガム宮殿に立つ近衛兵の高さ四六センチもある帽子である【図9-10】。

ラグラン袖とカーディガン

ウェリントン公ウェルズリー元帥は陸軍参謀総長を経て、一八二八年から三〇年まで首相、その後も内相を務め、ヴィクトリア女王の治世に入った後、一八四二年から亡くなる五二年まで陸軍総司令官を務めた。この間に、英陸軍の軍服は一八二〇年代にナポレオン・ジャケットからダブルの前合わせになり、二八年に白ズボンを廃止して黒ズボンを採用している【図9-11】。さらにウェリントン公の死後には、一八五五年に燕尾服が全廃されてダブルの短丈ジャケットとなり、五六年にシングル合わせ八個ボタンの詰め襟の軍服になった。日本の学生服に見られるような、非常にシンプルな「チュニック」（古代ローマ人がシャツとして着た筒型ワンピース状の衣服チュニカが語源）軍服である。一八五〇年代に、一気に英国の軍服が近代的になったのは、一八五三年に始まったクリミア戦争の激戦が理由である。

黒海に臨むクリミア半島は、今に至るまで戦略的要地で、国際的な争いごとの焦点となりやすい土地である。往年の栄華も今は昔、すっかり国力が低下したオスマン帝国に対して、南下政策を取るロシアが開戦し、翌一八五四年には英国、フランスなどロシアの勢力拡大を嫌う国々がオスマン帝国に味方して、大規模な多国間戦争に発展した。この戦争の後、極東でロシアを牽制してくれる味方が欲しくなった英国は、やがて開国後の日本と日英同盟を結び、半世紀後の日露戦争の図式にまで影響してくるのである。

開戦直後、セバストポリ軍港を拠点とするロシア黒海艦隊の司令長官パーヴェル・ナヒモフ大将は、積極的に出撃して一八五三年一一月、シノープ海戦でオスマン艦隊を撃破した。セバストポリの攻略が、トルコ、イギリス、フランス側にとって絶対の勝利条件となった。

この戦争で英地上軍の指揮を執ったのは、かつてウェリントン公の副官を務めたラグラン男爵フィッツロイ・サマーセット元帥【図9-12】である。彼はワーテルローで右腕を失ったが、その後は妻がウェリントン公の姪だったこともあって出世し、陸軍元帥にまで昇りつめた。彼がクリミア半島で直面したのが厳しい寒さである。インドや中東での作戦が多い英軍は寒さに不慣れだった。至急に大量調達した防水コートには、サマーセット本人の提案で新しい工夫が凝らされた。袖を縫い付ける肩の仕立てを斜めにして運動量を確保

図9-11：ラグラン男爵サマーセット中将（ソルター画、部分、1838～40年）

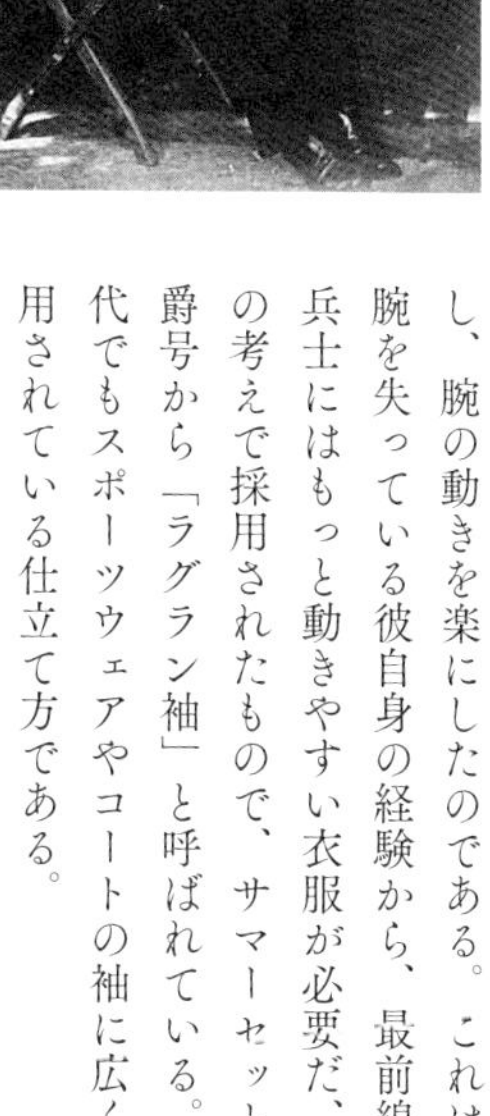

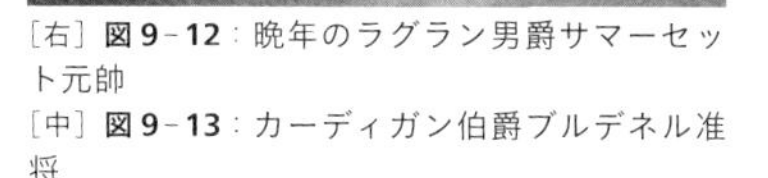
［右］図9-12：晩年のラグラン男爵サマーセット元帥
［中］図9-13：カーディガン伯爵ブルデネル准将
［左］図9-14：ルーカン伯爵ビンガム中将

し、腕の動きを楽にしたのである。これは右腕を失っている彼自身の経験から、最前線の兵士にはもっと動きやすい衣服が必要だ、との考えで採用されたもので、サマーセットの爵号から「ラグラン袖」と呼ばれている。現代でもスポーツウェアやコートの袖に広く採用されている仕立て方である。

毛編み衣料も今までになく大量に必要とされ、近代看護の祖として有名なフローレンス・ナイチンゲールが民間のニット製品を緊急に集めて、クリミアの戦線に送った。軍服の下に毛編みの防寒着を着るのは常識となった。軽騎兵旅団長のカーディガン伯爵ジェームズ・ブルデネル准将【図9-13】もそんな一人で、野戦用の紺色の肋骨服の下に、防寒ニットを着込んでいた。

一八五四年一〇月二五日、ロシア軍がバラクラーバ港の砲台に奇襲をかけてきた。オスマン軍守備隊が逃げ出す中、ラグラン卿サマーセット元帥は騎兵師団に対し、主攻部隊の準備が整うまで、敵の牽制を命じた。既に重騎兵旅団を主攻部隊に振り向けていた師団長のルーカン伯爵ジョージ・ビンガム中将（戦時特進）【図9-14】は、ラグランからの「前進し、敵の砲の移動を阻止せよ」という命令を、残った軽騎兵部隊だけでロシア軍の砲台を占領する意味だと判断し、不審には思いながら配下のカーディガン伯に突撃を命じた。カーディガンも非常識とは思ったが、結局命令を実施し【図9-15】、約六七〇人のうち戦死者約一一〇人という惨劇を招いた。結果として、英軍側はバラクラーバを抑えたのだが、戦闘後にラグラン、ルーカン、カーディガンの三者で、責任のなすり付け合いに発展した。ルーカンはラグランに対し「あなたが軽騎兵旅団を喪失した（You have lost the light brigade.）」と非難し、命令を伝達してから戦死した副官ルイス・エドワード・ノーラン大尉にまで責任転嫁が及んだ。

戦闘で負傷したカーディガン伯は養生のために英国に戻ったが、俄然「バラクラーバの英雄」として新聞に持ち上げられ、ヴィクトリア女王に謁見するに至った。反響の大きさにラグランとルーカンも、以後は真相を話そうとはしなかった。そして、負傷したカーディガン伯が、愛用のニットを脱ぎ着しやすいように前開きにしてボタンを付けた、という

図9-15：クリミア戦争、バラクラーバの戦いにおける「軽騎兵旅団の突撃」（ウッドヴィル画）

ことから、そのようなニットを今でも「カーディガン」と呼んでいる、というのが定説となっている。

ついでに、あまりにもバラクラーバの戦いが有名になったので、ナイチンゲールが戦地に送った防寒用ニット帽の中でも、いわゆる目出し帽のことを、あまり関係はないのだが、英語で「バラクラーバ・ヘルメット」【図9-16】と称するようになって現代に至っている。

図9-16：バラクラーバ・ヘルメット

［上］図9-17：ナヒモフ大将の全身像（ティム画）
［下］図9-18：若き佐官時代のコルニロフ（ブリュローフ画、1835年）

連合軍側は、本格的にセバストポリ要塞の攻略を開始した。ロシア軍総司令官で、皇帝付き最高副官の肩書を持つアレクサンドル・メンシコフ公爵は、敗北を重ねて責任を放棄し、セバストポリの防衛は海軍のナヒモフ大将【図9-17】と、副司令官のウラジーミル・コルニロフ中将【図9-18】に委ねられた。しかし、コルニロフはバラクラーバの戦いの直前、一〇月一七日に戦死してしまい、ナヒモフは孤軍奮闘を強いられた。泥沼の激戦が一年近く続き、一八五五年七月一〇日、重要拠点のマラコフ砦を視察中に、ナヒモフは狙撃兵の銃弾を受け、二日後に死亡した。九月にフランス軍がマラコフ砦を占領し、ついにセバストポリ要塞は陥落、ロシア海軍の拠点がなくなったことで翌年、講和が結ばれた。ラグラン男爵は一八五五年六月二八日に六六歳で陣没した。心労による鬱病と赤痢が死因だった。カーディガン伯爵は英雄として中将で退役し、悠々自適の余生を送った。ルーカン伯爵は実戦を離れたが、晩年、陸軍元帥に昇進した。メンシコフ公は一八五五年二月に正式に解任され、目立った活躍もなく退役した。

ところで、ロシア陸軍の軍人は、伝統の緑色の軍服で、ダブルの燕尾服の正装【図9-19】、ダブルのフロックコートの野戦装、とナポレオン戦争の時代と大きな変化はない。野戦用

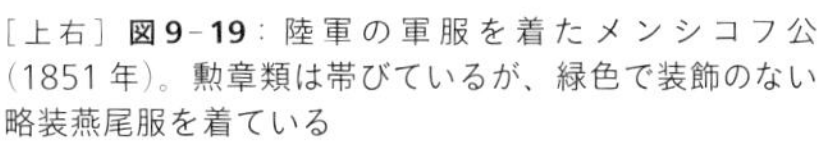

［上右］**図9-19**：陸軍の軍服を着たメンシコフ公（1851年）。勲章類は帯びているが、緑色で装飾のない略装燕尾服を着ている
［上左］**図9-20**：ロシア海軍のナヒモフ大将。当時のロシアの制帽のツバは急角度だった
［下右］**図9-21**：ロシア海軍のウシャコフ大将
［下左］**図9-22**：「カーキ色」の軍服を初めて開発したラムデン中将

図9-23：ズールー戦争時の英陸軍兵士

の帽子として、一八一一年頃からプロイセンのツバ付き帽と似たエフェラジェカを使用しており、ツバの角度がこの時代には深くなっている【図9-20】。正肩章には一八二七年以後、階級に応じて星を付けるようになった。クリミア戦争中の一八五四年からは、板状の略式肩章ポゴーニを着用するようになり、厳しい戦場に応じた近代化が一層図られた。

一方ロシア海軍は、一六九三年にピョートル大帝が海軍の建設を決めた頃から黒がイメージ色だった。黒海の制海権を得るための海軍創設だったためで、一七〇八年に海軍元帥を拝命したフョードル・アプラクシン提督は黒い甲冑に身を包んでいる。一七七〇年代にはグレーのドイツ風軍服に黒い折り返し襟を採用していた。フランス革命戦争でナポレオンがエジプトに遠征している間、イタリアで大活躍したアレクサンドル・スヴォロフ大元帥の陸軍を支援するため、地中海に進出した

図9-24：ボーア戦争のコマンド部隊。私服で戦う神出鬼没のゲリラ部隊はイギリス軍を大いに苦しめた

ロシア艦隊のフョードル・ウシャコフ大将【図9-21】は、真っ黒なダブルの燕尾服を着ていた。ロシア皇帝はウシャコフ艦隊をネルソン少将の指揮下に派遣しようとしたが、自分より階級が上のウシャコフを配下にすることをネルソンは強く嫌がり、実現しなかった。セバストポリで戦ったナヒモフ提督やコルニロフ提督は、黒いダブルのフロックコートに、黒いツバ付き帽、金色の正肩章という軍装だったはずである。

カーキ色軍服の登場

英陸軍の赤い軍服は目立ちすぎるのではないか。すでにウェリントン公の時代に問題化しつつあったテーマである。一八五三年には英国で旋条(ライフル)を持つエンフィールド・ライフル銃が量産され、狙撃の命中率が劇的に向上した。そしてここで、派手な色彩についても新たな回答が導き出されるのである。

一八四八年頃、在インド英国軍の嚮導(きょうどう)軍団(コープス・オブ・ガイド)付き将校ハリー・バーネット・ラムデン中尉(後に中将。一八二一-九六)【図9-22】が、泥で染めた軍服を考案した。ペルシャ語からウルドゥー語に入ったカーキKhaki(泥土のような)という言葉があったので、この軍服もカーキと呼ばれた。戦場における迷彩効果を初めて意識した軍服がこれである。当時のカーキ色は、インドの土の色を反映して黄土色に近いものだった。その後はむしろ茶褐色を指すことが多くなり、現代のアパレル界では茶色がかった緑色を指している。

コープス・オブ・ガイドは、いわゆる挺身部隊である。ナポレオン軍の親衛猟騎兵連隊の前身で、エジプト遠征で活躍したボナパルト司令官嚮導隊を参考にして創隊された。主力部隊より先に敵地奥深くに侵入し、味方を誘導するという危険な任務を遂行する精鋭であり、目立つ軍服で行動しては命がいくつあっても足りない。ナポレオンの猟騎兵も、当時としては地味な緑色の軍服だったのは、十分に意味があることだった。

このカーキ色軍服の実戦使用は、シーク教徒を制圧した一八四八-四九年の第二次シーク戦争でのことだったというのが定説である。英軍はその後もアフガニスタンやアフリカで戦う。一八七九年のズールー戦争では、近代的な兵器を持たないズールー族に対して思わぬ苦戦を強いられ、一月のイサンドルワナの戦いで手痛い敗北を味わった。このときの英第二四歩兵連隊の兵士は、赤い五つボタンのチュニック軍服に黒ズボン、頭には防暑帽という服装【図9-23】だった。翌一八八〇年、鉱物資源が豊かな南アフリカ一帯を支配するべくボーア人(オランダ植民者の子孫)の国、トランスヴァール共和国と開戦したが、軍服らしい軍服など持たず、地味な農作業服で戦うトランスヴァール軍に、赤いジャケットの英軍は敗北を喫してしまう。特に神出鬼没なボーア人の特殊部隊「コマンド」【図9-24】に手を焼いた。後に英軍は、これを真似たコマンド部隊を編成する。一八九九年に戦端を開いた第二次ボーア戦争で、英軍は全身カーキ色の軍服で臨み、強引な焦土作戦や、ボーア人の強制収容所送りなど非人道的な行いを国際的に非難されながらも辛勝し、南アフリカ連邦を樹立した。ボーア戦争で苦戦した英国は、ロシアと戦う余力を失い、一九〇二年に日英同盟を結ぶことになる。

この戦争で新聞記者として戦地に赴き、ボーア人の捕虜となった後で脱走に成功したウィンストン・チャーチルは、一躍、大きな名声を得て、その後のキャリアの基礎を築いた。

一九〇二年、英陸軍はカーキ色軍服を正式な被服として採用した。このときのパターン1902軍服【図12-1】は、第一次大戦でも英軍兵士の軍装として使用されることになる。

10章 普仏戦争から南北戦争——戦争の現代化と赤いズボン

プロイセン軍がモードの先端に

フリードリヒ大王の時代に欧州を席巻し、ナポレオンに屈辱的な敗北を喫したものの、最終的に戦勝国となったプロイセンは、再び英国と並んで軍装の世界のファッション・リーダーの地位に返り咲いた。世界中の陸軍の軍服がプルシャン・ブルーを見習った紺色、青色系になり、ツバ付きの制帽シルムミュッツェや、丈の長いフロックコートもプロイセンから世界に流行した。鉄十字勲章を模倣した軍事勲章も各国で生まれた。防風および姿勢の維持を考慮して、プロイセン軍が一八一四年から導入した、立ち襟をホックで留めて固定する「詰め襟」も、各国で採用するようになった。肩から吊り下げる飾緒の起源はフランス軍だが、世界的に流行したのはフリードリヒ大王の近衛兵が使用し、それを改めて新生プロイセン軍が広めたからである。同軍においては飾緒が最上礼装と常装で、正肩章は略装に付けるものであり、野戦装では何も付けないのが原則だった。また礼装や常装ではダブル、略装はシングルの燕尾服【図10-1】を着た。フロックコートは、さらに実戦向きの野戦服という扱いで、原則としては正肩章を付けるべきものだが、ブリュッヘル元帥はじめ将官たちは飾緒を好んだ【図10-2】。

図10-1：プロイセン軍参謀総長グナイゼナウ将軍。正肩章付きのシングルの燕尾服は、当時の略装である（Bundesarchiv_Bild_183-R06118）

図10-2：プロイセン軍総司令官ブリュッヘル元帥。ダブルのフロックコート姿で、右肩の将官飾緒が目を引く（1820年代以前、ストレーリング画）

図 10-3：プロイセン近衛兵の襟章「リッツェン」

図 10-5：ブルーチャー靴

図 10-6：ピッケルハウベ

図 10-8：参謀科専用のリッツェン（襟章）

図 10-4：将官ズボンの赤い3本ライン

近衛兵が由来の襟章「リッツェンLitzen」【図10-3】は、一八〇八年に近衛連隊で使用を開始してから、諸外国でも模倣する例が出てきた。また、一八一五年九月以後、プロイセン軍の将官はズボンに赤い三本のライン【図10-4】を入れるようになり、これも他国に影響を与えた。同様の装飾ラインはポーランド槍騎兵がズボンに使用していたが、将官の階級を示すものとしてはプロイセンのものが早い。さらに、ブリュッヘル元帥の名にあやかる外羽根式の靴ブルーチャー【図10-5】も、一九世紀後半に広く普及した。

一八四二年に全軍で採用した突起付きヘルメット「ピッケルハウベ」【図10-6】は、それまで頭部の防護を考えていなかった各国の陸軍に一石を投じ、プロイセン軍の象徴とみなされた。翌四三年には、丈の短いチュニック型の軍服を世界に先駆けて導入している。一八六六年から正肩章は常装に付け、野戦では廃止、代わって組みヒモ式肩章を用いたが、これも各国が真似をした。同時に、略装では勲章のメダルを帯びず、リボンだけを飾る略綬も採用している。

一八五七年にプロイセン参謀本部の総長に就任したヘルムート・フォン・モルトケ少将【図10-7】は、まことに目立たない人物だった。一八〇〇年生まれのモルトケはメクレンブルクの小貴族の家の出身で、ナポレオン戦争の

間、一家はリューベックからコペンハーゲンに疎開した。そこでモルトケはデンマーク陸軍士官学校に入校し、そのままデンマーク軍で任官する。一八二二年にプロイセン軍に移籍後、オスマン帝国の軍事顧問などを務めたが、ほとんど軍人として実績がない将校だった。恐ろしく無口で非社交的、趣味で小説を書くような人柄は、およそ軍務で尊重されない。四九歳でやっと中佐に昇進、と出世も恐ろしく遅かった。しかしこの時期から、参謀総長カール・フォン・ライヘア大将や、時の国王フリードリヒ・ヴィルヘルム四世に気に入られ、ライヘア大将の死後、参謀総長に就任した。当時の参謀本部は甚だ低調で、組織として危機的だったというが、前年に参謀科の専用のリッツェン【図10-8】が採用されたことは、士気を高める大きな要素だった。

　これ以後、モルトケを得た参謀本部は息を吹き返し、一八六四年、シュレスヴィヒ・ホルシュタイン州の帰属を巡るデンマークとの戦争で、的確な作戦指導や動員計画が高い評価を受けた。一八六六年に同州のオーストリア管理地を侵して宣戦布告（普墺戦争）、二か月でフリードリヒ大王以来の宿敵オーストリアを下し、ナポレオン戦争後に同国が居座ってきたドイツ連邦の盟主の座から引きずり下ろした。ついにプロイセン王国は、オーストリアを押しのけて、紛れもなくドイツの中心国家となったのである。

　最後に残るのは、強力なドイツ国家の成立を決して容認しない隣国である。ナポレオンの甥、ナポレオン三世が率いるフランス帝国は、プロイセンから見て不倶戴天の敵国である。宰相オットー・フォン・ビスマルクは、静養中の国王ヴィルヘルム一世に無断でナポレオン三世を挑発し、フランスの宣戦布告で一八七〇年七月に普仏戦争が開戦した。

赤ズボンこそがフランスなのだ！

　ナポレオン一世がワーテルローで敗れ、王政復古したフランス王国は、苦難の連続だった。肩身の狭い敗戦国であり、あれだけの革命と動乱を経て今さら王政復古と言われても、一七八九年以前の世の中になど戻れるはずがない。一八三〇年に、とうとう七月革命というものが起こる。国王シャルル一〇世が亡命し、その書簡を議会で読み上げる立場にあった王族オルレアン公ルイ・フィリップ【図10-9】は、書かれていた王の孫の名前を読み上げず、国王を誰にするかを衆議に委ねた。この策が成功し、ルイ・フィリップは国王に選ばれた。彼は即位すると、国旗を赤・白・青の三色旗に定めた。フランス革命からナポレオン時代まで使用されたもので、市民革命を

図 10-7：ドイツ参謀本部の権威を確立したモルトケ元帥

図 10-9：ルイ・フィリップ王（ヴィンターハルター画、1839 年）

肯定するという意味だ。次いで、フランス陸軍の全将兵は真っ赤なズボンを穿くように指示した。前年の一八二九年、シャルル一〇世の御代に赤ズボンの採用は決まっていたが、国王本人が積極的に着用して普及させたのはルイ・フィリップである。赤・白・青の三色のうち、白色はブルボン王家の色ともジャンヌ・ダルクの旗に由来するともいわれ、青はトゥール大聖堂にまつられている古代ローマ時代の聖人サン・マルタン（三一六？－三九七）のシンボル色だという。一方、赤色はパリの聖人で、フランスの守護聖人でもあるサン・ドニ（？－二五八？）を象徴する。もっと具体的にいうと、サン・ドニの「血の色」を表しているのだ。

古代ローマ時代、三世紀のパリ。異教徒に捕えられたキリスト教会の司教ディオニュシウスは、最期の祈りをささげて覚悟を決めた。辺りには、すでに斬首されたキリスト教徒の遺体がたくさん転がっている。処刑人は首切り斧を振り上げ、渾身の力で打ち下ろした。

ガシッ、と首が切断されて転がり落ち、真っ赤な鮮血が飛び散った。ところが――。

ディオニュシウスの遺体は何事もなかったかのように起き上がると、床に落ちた自分の首を拾い上げた【図10-10】。「ぎゃあああ！」。脅える処刑人たちを尻目に、血の滴る首を抱えたディオニュシウスの身体は歩き始め、彼の首は、主の栄光について語り始めたのである……。

図10-10：サン・ドニの殉教（ボナ画：1874-86年）

こんな、まるでホラー映画のような宗教上の奇蹟が、後の時代に影響を及ぼすことになった。この聖人は、赤い血が滴る自分の首を持って何キロも歩き、説教を続けたという逸話があり、だから彼の肖像画は大抵、自分の生首を持って歩き回る姿である。彼が殉教した場所こそMont des Martyrs つまり「殉教者の丘」で、今日の「モンマルトルの丘」のことだ。

ディオニュシウスはその後、フランスで非常に尊敬され、七世紀には聖人に認定されてサン・ドニとなる。彼がついに首を持ったままバッタリ倒れた場所に建てられたサン・ドニ大聖堂は、後になって歴代国王の墓所に指定された。中世のフランス軍は「モンジョワ・サン・ドニ！（Montjoie Saint-Denis!）」という鬨の声を使用した。「われらの喜び、サン・ドニ様！」という掛け声である。時代が下って一八世紀末のフランス革命の時代。二人の有名な聖人にあやかって、パリ市は赤と青を都市のシンボル色とした。さらに、革命が勃発してルイ一六世が市民と歩み寄りを見せると、革命を主導したパリ市民と、ブルボン王家の和解・融合を企図して、赤・白・青の三色旗が定められ、国旗となった。パリ市長ジャン・バイイがこの三色旗を発案したのだが（他人という説もある）、白を加えたことで、「青地に赤と白」を紋章に使っているオルレアン公爵家に気を使ったのではないか、と疑われることになった。バイイはそれを否定したが、数年後には失脚して、断頭台に送られてしまう。

確かにオルレアン公爵家は、赤と白を用いた紋章を使い、ブルボン王政の間はルイ一四世の弟が創設した家系が存続していた。以来何世代にもわたって、密かに本家の断絶と、王位の奪取を狙い続けてきた家柄である。革命期のオルレアン公（ルイ・フィリップの父親）は、市民に理解を示し、立憲君主制の英国のような政体をとるべきだ、と主張していた。市民に媚を売ってでも、王位を奪いたかったのだ。その後、革命の進展とナポレオンの登場でオルレアン公の野望は阻止され、息子のルイ・フィリップも革命戦争のさなかに軍司令官が敵国に寝返るという大事件に連座して、フランスから追放されてしまった。ナポレオンが去り、王政復古を機にルイ・フィリップは二一年ぶりに帰国したが、それからさらに一五年、虎視眈々と王位を奪うことを夢見続けてきたのである。苦節を経て、ついにオルレアン家から初の国王が誕生したこのとき、ルイ・フィリップは、自分は父親同様、市民に理解がある国王で革命も肯定する、というメッセージを三色旗と赤ズボンに込めたといえる。

　ところが、彼の息子フェルディナン・フィリップ王太子【図10-11】が三一歳で馬車の事故に遭い急死すると、意気消沈する。フェルディナン・フィリップは軍服がよく似合うモデル体型の美男子だった。王太子は、ダヴィッドの弟子の画家ドミニク・アングルのパトロンでもあり、アングル作の彼の肖像画はヴェルサイユ宮殿美術館の目玉展示品の一つだが、やはり赤ズボンを穿いている。

　さらに高まる市民の不満を抑えきれず、ルイ・フィリップ王も一八四八年に退位して、フランスの王政は終わりを告げた。元国王は亡命先の英国で、失意の最期を迎えた。しかしながら、赤ズボンは終わらなかった。その後、登場したナポレオンの甥、皇帝ナポレオン三世は帝政を復活したが、ルイ・フィリップが広めた赤ズボンは革命の精神にかなうとして廃止しなかった。こうしてフランス軍は赤ズボン、というのが完全に伝統化したのだった。

　普仏戦争において、赤ズボンのフランス軍は完敗し、ナポレオン三世自身も捕虜になる大失態を犯した。すでにこの時期、高性能の銃を装備するプロイセン軍に対し、フランスの赤ズボンは戦場で危険すぎるいでたちだったと言われる。モルトケ大将（戦後に元帥）の戦争指導の下、一〇か月でフランスは降伏し、ナポレオン三世は退位。プロイセンはヴェルサイユ宮殿で、国王をドイツ皇帝ヴィルヘルム一世として推戴するドイツ帝国の建国を宣言した。

　フランスでは帝政が終わって共和政が復活し、二〇世紀になっても赤ズボンは生き残っていた。当時のフランス国内でも問題視する人はいた。第一次大戦開戦時の国防相アドルフ・メッシミは、赤いズボンは目立ちすぎるから地味な色に改正するべきでは、と提案したが、元国防相のウジェーヌ・エティエンヌはこれを言下に否定した。「とんでもない！赤ズボンこそがフランスなのだ！（Jamais! Le pantalon rouge c'est la France!）」

　やがて機関銃や飛行機が登場した戦場で、さすがに時代遅れと感じたフランス軍は、意地も栄光もかなぐり捨てて赤ズボンを廃止し、淡い水色の軍服を採用した。一九一五年のことである。

ブルー&グレー――アメリカ南北戦争

　一八五五年九月、クリミア戦争のセバストポリ攻防戦の最終局面で、フランス軍のパトリス・ド・マクマオン中将が指揮する部隊が大活躍し、マラコフ砦を攻略した。ここでひときわ目立ったのが、アルジェリアの民族衣装をまとったズアーヴ兵【図10-12】である。本来は一八三〇年にアルジェリア人を中心に編成した外人部隊だが、この頃には民族風の軍服を着た普通の連隊になっていた。シェシア帽という房飾り付きのフェルト帽にターバン、ゆったりした日本の袴のような赤紫色のズボンに、派手な装飾入りのベスト、と極めて異文化的な服装である。これから四年後の一八五九年、マクマオン大将はズアーヴ部隊を含むフランス第二軍を率いてイタリア独立戦争に参戦し、六月四日、ミラノ近郊のマゼンタの戦いでオーストリア軍を撃破した。ここでもズアーヴ兵の勇戦と赤紫色のズボンが目立ち、これ以後、印刷業界やアパレル業界で赤色系の色を「マゼンタ」と呼ぶようになった。マクマオンはこの功績でナポレオン三世からマゼンタ公爵の爵号を受け、後にフランス大統領にまでなる。

こうして大評判になったズアーヴ兵のいでたちは、当時、軍服の世界の旬なモードとなった。そして、このエキゾチックな軍服を最も多く購入して採用した外国軍は、意外なことに、二年後に始まったアメリカ南北戦争（一八六一－六五）の南北両軍だった。

両軍とも本場フランスから大量のズアーヴ式軍服を購入し、模倣した制服も含め、多くの連隊でアルジェリア・ファッションに身を包んだアメリカ人兵士が戦った。もっとも戦場の苛烈化と厳しい補給状況で、そのような姿が長く維持できるはずもなく、一八六二年の末には、南北いずれの陣営でもズアーヴ風の軍装は、ほぼ姿を消したようである。

リンカーンの大統領当選を機に、南部一一州がアメリカ合衆国を離れて始まった南北戦争は、五年間で六二万人が亡くなる壮絶な内戦となった。北軍は元々の合衆国陸軍の色である青、南軍は灰色を基調にした軍服で戦ったので、ブルー＆グレーの戦争とも呼ばれる。

米陸軍の軍服は、ジョージ・ワシントンがプロイセン風の青と黄の制服（英ホイッグ党風ともいわれた）を定めてから、一八一〇年代には二角帽やシャコー、ナポレオン・ジャケットなどのフランス風の軍服を着て、米英戦争（一八一二－一四）を戦った。ナポレオン戦争のどさくさに紛れ、カナダなどを奪い取ろうとした米軍は、英陸軍の名将アイザック・ブロック少将や、英軍と同盟したショーニー族の戦士テカムセらの奮闘で苦戦を強いられた。テカムセの最も有名な肖像【図10－13】は、英陸軍が贈った赤い軍服を着たものである。

欧州の流行の変化を受け、一八二五年にプロイセン型のツバ付き帽フォーリッジ・キャップ Forage cap（飼葉帽）、二九年にフロックコート、三二年にダブル式の燕尾服、三三年にはシェル・ジャケットと称する短丈の略装などを採用し、メキシコとの米墨戦争

図10－12：ズアーヴ兵

［右］**図10－11**：フェルディナン・フィリップ王太子。馬車に乗っていて不慮の事故死を遂げた（アングル画、1842年）　［左］**図10－13**：ショーニー族の戦士テカムセ（フランス人貿易商のスケッチを基に、アメリカの歴史家ロッシングが制作した肖像画）

（一八四六－四八）を戦った。この間、一八三五年には、正肩章を留めるための縦型ストラップに階級バッジを付けるアメリカ独特の略式階級章、四一年には水色のズボンなどを採用している。

［下］**図10－15**：
南軍総司令官のリー大将
［右］**図10－16**：
北軍のシャーマン中将

北軍は米陸軍の服制を継承し、将校以上はフロックコート、下士官兵はシェル・ジャケットなどの略装を着た。当時の米陸軍のフロックコートは階級でボタンの数が異なり、尉官は九個一列、佐官は七個二列（合計一四個）、准将は二個＋二個＋二個＋二個を二列（一六個）、少将と中将は三個＋三個＋三個を二列（一八個）などと厳密に決まっていた。帽子はフランス風のケピ（筒型帽）を模したM1858帽だが、頂部が平らなマクレラ

図10－14：北軍のマクレラン少将（右）とマクドウェル准将（その後少将）。2人の軍帽の形状と、階級差を示すボタンの数に注目（1862年撮影）

ン型と、傾斜して潰れたようなマクドウェル型が混在した。これらの異名は、前者は初期の総司令官ジョージ・マクレラン少将、後者はその部下だったアーヴィン・マクドウェル少将が被っていた制帽の形にちなんでいる【図10-14】。他に将校以上はフェルト製のスラウチハットやM1858ハーディー・ハットHardee hatを好んで被った。この名は士官学校校長ウィリアム・ハーディー中佐にちなんだものだが、当のハーディーはその後合衆国陸軍を辞め、南軍に移籍してしまった。

対する南軍は、何しろ急拵えで軍隊を創設せねばならず、欧州各国の軍服をモデルにして服制を考えたが、基調色として灰色を選んだのは、当時のオーストリア軍の常装の影響を受けたのは間違いないとされる。当時、多くの国がプルシャン・ブルー系の色を使っており、合衆国陸軍（つまり北軍）はその代表格だったから、一見してこれと異なり、入手しやすい生地はプロイセンの仇敵オーストリアのものだった、というのは想像に難くない。

色はともかく、基本的には北軍と似た服装で、フロックコートのボタン数も、尉官は九個一列、佐官は七個二列、准将は二個＋二個＋二個＋二個を二列（合計一六個）、少将以上は三個＋三個＋三個を二列（一八個）と同じだった。北軍のボタンにはUS、南軍のボタンにはCSと刻まれるのが普通だったが、将官のボタンは両軍とも同じもので鷲の紋章だった。また将校以上の階級章は南軍独特のもので、襟に少尉が一本、中尉が二本、大尉が三本のラインを付け、ドイツの襟章リッツエンのように見える。佐官は星章を付け、将官はリース（輪飾り）付きの星章を付けた。しかし南軍総司令官ロバート・E・リー大将【図10-15】は、階級通りの制服を着るのを好まず、ボタン配置が准将用で、大佐の襟章を付けたフロックコートを愛用していた。終盤の戦いで北軍の指揮を執ったユリシーズ・グラント中将は、最後まで戦上手なリー将軍に苦しめられた。リーとグラントが直接対決した一八六四年五-六月のコールドハーバーの戦いでは、二倍の戦力の北軍が敗北し、グラントは後に「コールドハーバーでは、我々がこうむった損失を償うような利点は何一つなかった」と完敗を認めている。

苦しい長期戦でグラントを支えたウィリアム・テカムセ・シャーマン中将【図10-16】は述懐している。「私が錯乱している時、彼（グラント）は私のそばにいてくれ、彼が酒に溺れているとき、私は彼のそばにいました。そして今、我々はいつもお互いに持ちつ持たれつなのです（He stood by me when I was crazy, and I stood by him when he was drunk; and now, sir, we stand by each other always.）」。シャーマンのミドルネームは大戦士テカムセにあやかる。

二〇世紀に入り、リー、グラント、シャーマンの名はいずれも米軍戦車の愛称になった。

［右］図10-17：独立戦争期の米海軍の指揮官、ジョン・ポール・ジョーンズ大佐（マシューズ画、1890年頃）［中］図10-18：アメリカ海軍の米英戦争（1812-15）の英雄オリヴァー・ハザード・ペリー代将（ムーニー画：1839年）［左］図10-19：幕末の日本に来航したことで有名なマシュー・C・ペリー代将。M1852燕尾服を着ている

［右］**図10-20**：北軍のデーヴィッド・ファラガット海軍少将（1863年撮影）
［中］**図10-21**：北軍のファラガット海軍中将（1865年頃撮影）。袖の線章と肩章が新型に代わっている
［左］**図10-22**：米海軍のチェスター・ニミッツ少尉（1907年頃撮影）。黒い詰め襟の常装で、日本海軍の一種軍装によく似たスタイルだった

チノパンとTシャツも軍服

南北戦争が終わり、灰色の南軍が解散して、アメリカには青色の軍隊が残った。M1892常装は、詰め襟で隠しボタン式の上衣だった。M1884ファティーグ・ブラウスFatigue blouse（作業服）で、ついにアメリカ軍も実戦向きのカーキ色の保護色を使用し始める。一八九五年、将校は襟に「U.S.」徽章、制帽に鷲の国家徽章を着けるようになる。スペインとの米西戦争（一八九八年）を経て、青い詰め襟のM1902ドレスブルー礼装を採用すると共に、オリーブドラブ（茶色がかった緑色）のM1903野戦服が登場するのは間もなくのことである。なお米西戦争当時、スペイン領フィリピンで防暑被服を手に入れようとした米軍は、中国経由で英国製のカーキ色（黄土色系）綿生地を入手した。この生地は中国のスペイン語なまり「チノー」と呼ばれ、ここから防暑服をチノーズ、特に綿のパンツを「チノパン」と呼ぶようになった（チノーの語源には異説もあるが、なんにしても中国に由来するという見方が一般的である）。

アメリカ海軍の軍服についてもふれておくと、独立戦争時の一七七六年には、赤いベストと折り襟のフランス海軍を模したものを採用している。有名なジョン・ポール・ジョーンズ大佐の肖像【図10-17】はみな赤襟の軍服を着ている。一八〇二年に英海軍風のナポレオン・ジャケットと二角帽、米英戦争中の一二年にはダブルの燕尾服を採用している。同戦争で活躍したオリヴァー・ハザード・ペリー代将の軍服【図10-18】は、英海軍のものとよく似ている。一八三〇年にドイツ風のツバ付き略帽も登場し、五二年に英海軍風の燕尾服（礼装）、フロックコート（常装）を定め、袖線章と陸軍型肩章が導入された。一八五三年に日本の浦賀に来航したマシュー・C・ペリー代将（前出ペリー代将の弟）【図10-19】も、そうした軍服を着ていた。

一八六二年から米海軍で初めて少将の階級ができて、そのための袖線章と肩章が制定されている【図10-20】。翌年には袖線章と肩章全般が見直され、大きく改正された【図10-21】。一八七七年に詰め襟、隠しボタンの常装が採用され、色調もブルー・ユニフォームと称しながら実態は黒色に近付いた色となり、二〇世紀以後の米海軍の軍服は黒くなっていく【図10-22】。蒸気機関が普及し、石炭を扱う機会が増えたことが一因とみられる。一八九八年の米西戦争で、水兵の簡易被服として白い肌着が支給されたが、これが今、誰もが着ているTシャツの起源となった。一九〇五年に熱帯地用のカーキ色軍服、第一次大戦後の一九一八年にダブルのブレザーとネクタイという英海軍風のスタイルが登場し、現代に至るまで基本は大きく変わっていない。

11章

戊辰戦争から日露戦争——日本の軍服の黎明期

図11-1：奇兵隊の隊士（1864年頃撮影）。日本で最初期の西洋式軍服の着用例

西郷隆盛の「大将の軍服」

戦国時代に南蛮人（主にポルトガル人）から火縄銃などの武器や欧州の文物を盛んに受け入れた日本人だが、徳川時代に入って、いわゆる鎖国状態となった。大坂の陣が終わって豊臣家が滅んだ一六一五年といえば、スウェーデン王グスタヴ二世アドルフが活動を開始した頃である。これから欧州の軍隊が近代化し、軍服を導入していくというそのときに、日本は欧州との付き合いを縮小した。だから、アメリカ海軍のペリー代将が一八五三年に日本に黒船を率いてやって来ると、二百数十年のギャップを感じることとなる。

侍たちは、すぐに洋服を受け入れた。特に軍服としてである。長州藩の高杉晋作が文久三（一八六三）年に創設した奇兵隊の洋式軍服【図11-1】はその早い例だった。戊辰戦争（一八六八-六九）は、アメリカ南北戦争の直後、普仏戦争の直前に起こった内戦であり、世界中の在庫兵器や余剰の軍服生地などが日本に集まった。フランスの支援を受けた旧幕府軍、英国の応援を受けた薩摩軍など、両陣営ともに、詰め襟や折り襟の軍服を着用して戦うことになった。

明治維新を経て、明治三（一八七〇）年に太政官布告で陸海軍軍服の服制が定められた。日本として最初の正式な軍服制定である。海軍は英国式とよくいわれるが、ここで定められた海軍軍服は、むしろ徳川幕府海軍以来、影響を受けてきたオランダ海軍の色が強い服制だった。同時に最初の陸軍服制が策定され、翌年二月、西郷隆盛が率いる「御親兵」が組織された。薩摩藩や長州藩などの武士を集めた天皇直属の軍隊で、後の近衛師団の前身だ。そして明治六（一八七三）年に、徴兵制による日本陸軍が成立し、「陸軍武官服制」として新たな服制が定められた。

興味深いことに、陸軍の服制が過渡期にあっていまだ固まらないうちに、軍の最高司令官であるべき天皇の洋装服制が定められた。明治五（一八七二）年一一月、文官大礼服型の「御正服」が制定されたが、フリードリヒ大王やナポレオンの時代以来、諸外国の君主は、公式の場では自国の軍服を着て、勲章を帯びていなければならないという事情を知り、慌てて明治六年六月に新型の「御軍服」を制定した【図11-2】。ところがこれは、当時のフランス軍の常装【図11-6】のような肋骨式のもの

だった。

同じ年の五月に新しい陸軍の「正装」【図11-3】が登場したが、こちらはダブルのフロックコート式である。まもなく陸軍では「略装」も制定した【図11-5】。これは肋骨式のものとし、このスタイルが後には軍装（軍服）としていわゆる常装とされるようになる。結果として天皇の御軍服が、明治陸軍の服制の中では略装に当たる様式になってしまった。天皇の軍服と陸軍の軍服の制定作業がリンクしないまま進んだための混乱だろう。

明治一三（一八八〇）年一〇月、天皇の正服、軍服を陸軍と同型式にして「陸軍式御軍服」と総称するようになり、ようやくこの七年にわたる天皇服制の混乱は解消されたのだった。

西郷隆盛が自宅に掲げていた偉人の肖像画は、ナポレオン、ジョージ・ワシントン、ホレーショ・ネルソン、そしてピョートル大帝だった。いずれも軍服の印象が強い人物で、当然、西郷もその影響下にあった。西郷が率いた御親兵の軍服は明治三～五年の服制に基づいており、九つのボタンがあるシングルの上着で、袖には山形の階級線が入っていた。帽子はフランス式のケピ帽だ。全体として、当時のフランス陸軍の略装に似た印象である。この服は鹿児島県歴史資料センター黎明館で保存されており、一般に「西郷隆盛の軍服」というとこれを指すことが多い。

この服の大きな特徴は、帽子の上部に星のマークが入っていることだ。一般に星形と言われる「五芒星」は、ここから日本の軍服に取り入れられた。星形を多く用いたのはフランス軍で、英国からの独立戦争以来、応援してくれたフランスの影響を多分に受けたアメリカでは、国旗といわず軍服といわず、星を多用している。なぜフランスやアメリカで星形が流行したのかも、今となってはよくわからないが、フリーメーソンの意匠から取り入れたのではないか、とも思われる。ワシントンがメーソンの会員であったことはよく知られている。一方、日本では古来、五芒星は陰陽師が用いた結界の形であり、魔除けの意味が濃厚だった。それもあってか、日本陸軍で

図11-2：明治天皇。最初期の肋骨服型「御軍服」を着て、二角帽を合わせている（内田九一撮影：1873年 神奈川県立歴史博物館所蔵）

図11-3：床次正精 西郷肖像（鹿児島市立美術館所蔵）

は星の形を「多魔除け」と称し、敵の弾丸を避ける意味合いまで込められていた。星形の採用に当たっては、当時、兵部省に出仕していた西周が提案したという説があるが、西郷の意向を無視して決められる話ではなかったはずだ。

この御親兵の軍服が西郷の理想の軍服だったのか、というと違うようだ。明治六年五月に定められた陸軍「正装」は、フランス陸軍の礼装によく似ており、胸の部分には九つのボタンが二列、一八個も並んでいる。このボタンの並び方が曲線を描いているのが特徴で、当時のフランスやアメリカの礼装と共通する。袖の階級線も、一層派手なフランス式となり、七本の金色のラインが複雑に交差する華麗なものだ。西郷の死後すぐに、床次正精が描いた、陸軍大将の正装姿の西郷の肖像画【図11-3】があるが、これは明治六年五月の服制通りの姿をしており、実際に西郷はこの軍服を誂えさせたはずだ。はずだ、というのは、西郷はこの年の一〇月に官職を辞して鹿児島に帰ってしまうからなのだが、西郷は明治一〇（一八七七）年に西南戦争で政府に反抗して挙兵するまで陸軍大将の位にあったので、着る機会は少なくとも、この軍服を持っていたはずである。

西南戦争では、西郷は陸軍大将の軍服に身を包んで出撃した、というのが定説だ。そして、熊本城にあった鎮台の陸軍部隊に、「自分は大将であるから、命令を聞いて従うように」と迫った。戦争の最後の局面、明治一〇年八月一六日（または一七日）に、薩摩軍を解散させたうえで、自分の持ち物や書類を焼却した。このときに焼け残った硯が、西郷隆盛宿陣跡資料館に保存されている。ここで陸軍大将の軍服も焼き捨てた、と言われているので、現在、黎明館にある西郷の軍服は、西南戦争で着ていたものではなく、その前の御親兵時代の軍服である、ということだ。

フランスやアメリカが好きな西郷と異なり、陸軍の実質的ナンバーツー、山縣有朋はドイツびいきだった。普仏戦争でフランス軍が大敗し、これからはフランス式は時代遅れ、流行はドイツ帝国の時代だ、と実感していた。そのため、陸軍卿（後の陸軍大臣）に就任すると、軍服も少しずつ、ドイツ風に変えていった。明治六年九月、まずは五月に決まったばかりの正衣に付いているボタンの数を一列七個、二列で一四個に減らした。明治八年にはボタンの並び方を、曲線的なものから、ドイツの礼装軍服に見られる直線状に変更した【図11-4】。将官のズボンに、ドイツ軍風の赤い三本ラインを入れたのもこのときだ。さらに明治一九（一八八六）年になると、肩にドイツ軍式の組みヒモ肩章を載せ、ますますドイツ軍のスタイルに近付けた。

もう一つ、山縣が採用した興味深いものに、「参謀飾緒」または「参謀肩章」と呼ばれる金モールのヒモ飾りがある。すでに本書で見てきた通り、飾緒とは、諸外国では、将軍に仕えて身の回りの世話をする副官あるいは、君主に直属する近衛兵や親衛隊の将兵が着けるものである。ところが日本軍では、なぜか参謀のシンボルとなった。山縣は明治四年に参謀局（後の参謀本部）を創設したが、自分の手下の参謀たちに権威を付けるために、日本独自のルールを制定したのだ。この後日本の参謀は、あの金モールを常にぶら下げることになり、鼻持ちならないエリート意識を育んでしまう。

日露戦争とカーキ色の採用

この後の日本陸軍の軍服は多くの変遷をたどることになる。将校用の服装として、明治八年式の軍装【図11-5】がある。正装に対して制定された、当時の野戦服、略装であり、さらに日常用のいわゆる常装でもあった。前年に原型が登場したものを部分改正したもので、明治一九（一八八六）年以後はこれをベースにしたものが将校の軍装となった。モデルとなった同時期のフランス陸軍の常装【図11-6】と比較すると、影響の大きさは一目瞭然だ。しかし、将官ズボンに三本ラインを入れるとか、帽子の形状がドイツ風に張り出しが大きくなるなど、徐々にフランス離れも感じさせる。なお、当時は折り襟でも詰め襟でもどちらでもよかったという。また、よくこの時期の陸軍の服の色は何なのか、という話題になるが、明治期の軍服では、将校以上は黒か濃紺、ということでどちらでもよく、下士官以下は濃紺が基本だった。

明治八年式の兵卒用正衣【図11-7】は、当時の下士官兵用の正装だ。徐々にドイツ風にしようという試みが現れた軍服で、ドイツの近衛兵を意識した胸の装飾になっている。正帽としてはピッケルハウベのようなものを被る。略帽はフランス風のケピ帽ではなく、ドイツ風の形式だ。近衛兵は赤色、鎮台兵は黄色の装飾を使うのが当時の規則である。また当時の靴はアメリカ人チャールス・ヘンニクルの指導で作られた茶利革という濃茶色のシボ革で製作された。

図11-4：西南戦争終結後に宮中に参内した陸軍司令官たち（1877年撮影）。中央が大山巌、右から3人目が熊本鎮台司令官の谷干城。まだ曲線的なボタン配置の正服が多いが、直線型のボタンと、ドイツ式のズボンの3本線が目立つ新形式の人もいる

明治十九年式軍服は、ドイツの軍服を意識した服装になっており、日露戦争まで、日本陸軍の下士官兵用の通常軍装の基本となった。同じく明治十九年式の騎兵の軍装【図11-8】は非常に派手で、肩章の様式などは完全にフランス式だ。この時期、近衛騎兵は赤色、師団騎兵は黄色の肋骨装飾で、軍帽はフランス式に流行が戻ったようなケピ風になっている。

明治三七（一九〇四）年、朝鮮半島と満州の権益を巡り、勢力を伸ばし続けるロシアと日本が激突した日露戦争が始まった。主に明治十九年式の紺色の軍服で参戦した日本軍は、翌明治三八年になると、生地を濃紺色からカーキ色とし、将校用の肋骨を廃止した「戦時服」【図11-9】を生み出した。機関銃が登場した戦場で、保護色は絶対に必要となっていた。日本は一九〇二年から英国と同盟関係にあり、カーキ色軍服についても情報を得ていた。

一方ロシア陸軍の軍装は、クリミア戦争の時期と比べても大きな変化はない。濃緑のダブルのフロックコートに板型肩章、ズボンは青色になり、将官は赤いドイツ式の三本線を入れる。旅順要塞と二〇三高地をめぐる攻防で、日本の第三軍司令官・乃木希典大将と戦ったアナトーリ・ステッセル中将【図11-10】の軍服はそのようなものだった。

海軍については、日本海軍は英国海軍の忠実な弟子になった、といわれる。日露戦争で連合艦隊の指揮を執った東郷平八郎大将【図11-11】は、英国に八年間も留学した英国通だ。しかしその軍服は、ブレザーにネクタイの英海軍と比べるとあまり英国的ではなく、むしろ陸軍風だった。一八七〇年の最初の服制で、早くも詰め襟の「略衣」が導入され、八三年に士官、下士官用の常装に昇格しているが、同時期（一八七七年）に米海軍が採用した詰め襟常装【図10-22】とよく似ている。時期から考えると、むしろ日本のものが米海軍に影響を与えたのかもしれない。海軍でも、陸軍と同様に最初期の軍服は詰め襟でも折り襟でも、どちらで仕立ててもよかった。同じ一八八三年に、日本海軍士官の代名詞的な短剣も採用されている。また、日本海軍の正装は燕尾服に二角帽、礼装はフロックコートという正統な英海軍式であり、昭和二〇（一九四五）年の終戦まで基本は変わらなかった。

階級を示す袖線も採用し、正装や礼装は金線だが、常装では濃紺の服に黒い線で表示しており、遠目には目立たないものだった。米海軍の常装も同様だったが、一八九七年に金線に変更しており、日本海軍でも変えてはどうか、との意見が出た。明治天皇が山本権兵

図 11-7：明治八年式 近衛歩兵一等卒正衣（1875 年）

図 11-6：
普仏戦争期のフランス陸軍中将（1871 年）

図 11-10：ロシア軍のステッセル中将（1900 年頃の写真）。緑色のフロックコート姿だ

図 11-5：明治八年式 陸軍少将軍装（1875 年）

衛大将（海相）に下問すると「黒筋でも充分見分けがつきますでございまする」と奉答した。しかし第一次大戦後の一九一九年には、袖線は黒いままで、襟に階級章を付けることにした。同時期に米海軍が詰め襟からブレザーに上衣を改正したので、日本海軍もブレザー型の軍装にしてはどうか、という議論が起きたが、東郷元帥が「日本海海戦は、あの軍服で勝ったのだ」と言ったので、議論はそれまでとなった。

明治三八（一九〇五）年五月二七－二八日の日本海海戦で東郷艦隊と激突したバルチック艦隊に乗り組むロシア海軍の軍服は、伝統の黒いフロックコートやセーラー服である。ただ、艦隊はアフリカからインド洋を経て東南アジアから日本海にやって来たので、司令長官ジノヴィー・ロジェストヴェンスキー中将はじめ将兵は、白い夏服を着ていた。

日露戦争の後、日本海海戦で敗北したロジェストヴェンスキーは軍法会議を経て退役、一九〇九年に病没した。ステッセルは旅順降伏の責任を問われ、死刑判決を受けたが一九〇九年に恩赦を受け、一五年に亡くなった。

図 11－8：明治十九年式 師団騎兵兵卒軍装（1886 年）

［上］**図 11－9**：乃木希典大将（明治 40 年、1907 年撮影）茶褐色の戦時服姿が珍しい
［下］**図 11－11**：日本海海戦の東郷平八郎と連合艦隊司令部（東城鉦太郎画 1906 年）

12章 第一次世界大戦——近代戦と地味な色調

各国で採用した地味な基本色

二〇世紀に入り、第一次世界大戦（一九一四－一八）が迫ってくると、世界中の陸軍で軍服の現代化が図られた。特に、基本色を地味な色調に置き換える傾向が顕著となった。

●イギリス　9章で記したように、火器の能力が向上し、遠くから狙撃される危険性が増して、目立ちすぎる色調の制服は徐々に問題となる。特に真っ赤な軍服をナショナルカラーとするイギリス陸軍では、問題が早く顕在化した。一八四八年にインドで生まれたカーキ色軍服は、八四年に無煙火薬が登場してから評価を高め、ボーア戦争での使用を経て、一九〇二年に英陸軍はカーキ色を正式な色調に昇格させた。インドやアフリカでは黄土色に近い色を指したが、本国ではカーキは茶褐色を意味した。一九一三年、礼装に限って真っ赤な上着を着るものとし、常装としてはカーキ色に統一した。第一次大戦が開戦する一九一四年になると、官給品リストから赤い軍服は姿を消してしまう。近衛師団で赤い「フルドレス（盛装）」が復活するのは、戦後の一九二〇年のこととなる。

　また一九一四年の開戦と同時に、英陸軍は将校用の軍服を開襟でネクタイ着用の背広型に改正し、世界に先駆けて採用した。下士官兵は一九〇二年型の折り襟軍服を維持した【図12－1】。

●アメリカ　米軍でも、一九〇二年に従来の青い軍服をドレスブルーと称することにし、オリーブドラブ（茶色がかった緑色）を基本色に採用、M1903野戦服から使用を開始した。一九一七年四月にアメリカは第一次大戦に参戦した。ジョン・パーシング大将（後に元帥）【図12－2】が率いて欧州で戦った陸軍部隊の将兵は詰め襟の軍服で、野戦用として南北戦争期のようなM1911キャンペーン・ハットを被っていたが、すぐにフランス軍の略帽（警察帽）を真似した舟形のオーバーシーズ・キャップ（海外遠征帽）に取って代わられた。後のギャリソン帽の原型である。

●ドイツ　長らくプルシャン・ブルーだったドイツ帝国軍も、一九〇七年にフィールドグレー（フェルトグラウ＝緑灰色）を採用し、野戦装に取り入れていった。全軍の基本色を公式に青色から緑灰色に変更したのは、開戦後の一九一五年九月である。一九〇九年からヴァッフェンロック（野戦服）という新軍服を採用し、将官の襟には赤地に金色の「ラリッシ

図12－2：ジョン・パーシング大将

ュ刺繍 Larisch stickerei」【図12−3】を付けるようになった。これは一八世紀のフリードリヒ大王時代に制定された、プロイセン第二六連隊の将校が使用した刺繍の復活である。同連隊は、一八〇六年にプロイセンがナポレオン軍に降伏した際、最後まで抵抗した。その時に連隊長を務めたヨハン・フォン・ラリッシュ中将にあやかって、ラリッシュ刺繍と呼ぶようになったものだ。

この時期のドイツ軍では、①ヴァッフェンロック【図12−4】、②槍騎兵用のポーランド風軍服ウーランカ、それからナポレオン戦争以来の伝統ある③ダブルのフロックコート【図12−5】及び、これの丈を短くした④リテフカ【図12−6】が、野戦用軍服として広く使用された。第一次大戦では、これらのスタイルの緑灰色のものがドイツ将校たちによくみられた軍服である。槍騎兵連隊出身の撃墜王、男爵マンフリート・フォン・リヒトホーフェン大尉は、出身兵科に合わせてウーランカを着ていた【図12−7】。このためにドイツ陸軍航空隊の将校は皆、この軍服を着ていたかのように誤解してしまう向きがあるが、あくまでリヒトホーフェンは騎兵出身だから、であった。

伝統ある皇帝直率の親衛軽騎兵は、黒いドルマンとプリスの肋骨服を維持していた。黒地にドクロの徽章が強烈な印象を残すこの兵科は、フリードリヒ大王が即位した直後、一七四一年八月に創設されて以来、基本的に同じスタイルを続けてきた【図12−8】。一説によれば、大王が亡き父王の葬礼に合わせてこの軍装を定めたという。一九〇九年一一月から、フィールドグレーの野戦服も採用したが、儀仗や閲兵任務が多い親衛軽騎兵は、最後まで黒服のイメージを保っていた。これが、後のナチス時代にも大きな影響を与えることとなる。

余談となるが、ドイツ軍将校の間ではモノクル（片眼鏡）をかけるのが流行した。モノクル自体は一九世紀後半から二〇世紀初めに、欧州の上流階級で広く用いられたが、軍務にあってもモノクルを常用するのは、貴族層出身のドイツ将校に特によくみられた傾向で、すっかり時代遅れになった第二次大戦末期になっても、ドイツ軍ではなぜか愛用者が多かった。

● オーストリア

マリア・テレジアの時代か

［上段右］**図12−4**：ドイツの撃墜王、オスヴァルト・ベルケ大尉。標準的な「ヴァッフェンロック」軍服を着ている（1916年撮影）
［上段左］**図12−5**：第1次大戦時のフォン・ゼークト少将。フロックコート姿で、モノクル（単眼鏡）が厳めしい
［下］**図12−6**：ドイツ帝国軍のヴュルテンベルク王国軍に属するエルヴィン・ロンメル中尉。ダブルのリテフカ軍服を着ている（1917年撮影）

ら白を定色としてきたオーストリア軍の軍服も、一七九八年以後に灰水色の野戦装を採用し、一九〇九年からはパイクグレー（青灰色）Hechtgrau の詰め襟野戦服を採用している。ケピ型の制帽のほか、いわゆる山岳帽タイプの野戦帽も普及した。一九一五年になると、ドイツ軍の緑灰色に近い色になるが、実用的な要素のほかに、生地の調達の問題があったようだ。

●**フランス**　フランス陸軍はこの時期になっても紺色の上着と真っ赤なズボンを改めず、第一次大戦の開戦後、一九一五年に水色の軍服に改正した**【図12-9】**。ホリゾンタル・ブルー Bleu horizon（地平線の青色）と称されたこの色は、砲煙漂うフランスの戦場では、特に晴天時の空を背景とした場合、カーキやオリーブドラブより迷彩効果が高いと考えられた。しかし汚れが目立つのは欠点で、戦後の一九二一年に英国のカーキに近い色調を採用することとなる。

●**ロシア**　ロシア帝国陸軍は、詰め襟のM1907チュニック軍服から、ピョートル大帝以来の緑色の色調を、オリーブがかったカーキ・グリーンに変更し、さらに野戦服として民族衣装や労働着を参考にしたM1911ギムナシチョルカやM1917ルバシカ軍服を導入した。青いズボンに、将官はドイツ式の赤い三本線が入る。開戦後は、フランス軍やイギリス軍の軍服を模した折り襟の軍服が大量に調達され、英国風という意

図12-1：英陸軍将校用軍服（右）と、下士官兵用パターン1902軍服（左）

図12-3：ドイツ軍将官の襟章「ラリッシュ刺繍」

味で、英軍総司令官ジョン・フレンチ元帥の名にあやかり「フレンチ軍服」と呼ばれた。

ロシア革命の勃発によりロシア帝国は崩壊し、帝国軍も解散した。一九一八年に発足したソビエト連邦赤軍は、M1919ギムナシチョルカ軍服と、ブジョンノフカ帽（赤軍の騎兵指揮官セミョン・ブジョンヌィ元帥の名にちなむ円錐型の騎士の兜を模した帽子）から、英国のものに近い茶褐色系のカーキ色を基調とし、以後のソ連軍の新たな伝統となった【図12-10】。

●日本　日露戦争中の一九〇五（明治三八）年に日本陸軍が採用したカーキ色（日本では黄土色というより茶褐色）の戦時服。その改良型として制定されたのが明治四五（一九一二）年式、通称「四五式」軍衣である。この軍服は詰め襟で、襟に鍬形と呼ばれる襟章、肩には米軍風の縦型の階級章を付けていた。軍帽は、オーダーによる自弁のため自由が利くオシャレな将校の間で、昭和期から「チェッコ式」と通称される外国軍風の張り出しが大きいものが流行した。

陸上自衛隊需品学校（千葉県松戸市）には、四五式の秩父宮御軍服【図12-11】が現存している。裏地のPAという刺繍はプリンス・アツ＝淳宮を示し、秩父宮がおそらく陸軍中央幼年学校（後の陸軍士官学校予科）に在籍した頃の軍服だ。

士官候補生として連隊に入るまでは階級がないので、襟に兵科章がなく、肩章にも星がない。そして、いかにも高級将校服の作りなのに、あえてサイドベンツが左右とも開いているという下士官兵用の仕様にしている。日本陸軍の将校服は、左側だけ裾にベントがあり、軍刀を下げない場合はボタンで閉じるようになっている。右側はラインを設けてあるがダミーで、実際には開けられない。しかし将校に任官する前の制服ゆえに、たとえ宮様であっても兵隊用のサイドベンツになってい

［上段右］**図12-7**：リヒトホーフェン騎兵大尉。槍騎兵用の「ウーランカ」軍服を着ている（1917年撮影）

［上段左］**図12-8**：ドイツ軍の親衛軽騎兵の黒い肋骨服を着たアウグスト・フォン・マッケンゼン少佐（後に元帥）。この服がナチス時代の戦車兵の制服と、親衛隊の黒服のモデルとなった（1880年頃撮影）

［下段右］**図12-9**：フランス陸軍のフィリップ・ペタン元帥。1926年制作の絵だが、第1次大戦で使用されたホリゾンタル・ブルーの軍服を着ている（バシェ画）

［下段左］**図12-10**：ソ連赤軍の最初期のブジョンノフカ帽とギムナシチョルカ軍服。1926年頃の撮影（Bundesarchiv, Bild 102-00635 CC-BY-SA 3.0）

るのが興味深い。

この後、四五式から赤い装飾線を外し、背中の仕立て方も簡略化した「昭五式」軍衣【図12-12】が昭和五（一九三〇）年に登場する。昭和一一年の二・二六事件のときの軍服として有名だ。昭和九年からは日本刀型の軍刀が採用され、日本軍将校の象徴となった。

大英帝国発の「軍装モード」の数々

一九世紀半ばから二〇世紀初め、世界最強の覇権国は大英帝国だった。それで、第一次大戦期から第二次大戦にかけて、英国陸軍から全世界に流行した三つのアイテムがある。

一つは乗馬ズボンと乗馬ブーツの組み合わせで、将校用として世界中に広まった。太もも部分が横に広がった乗馬ズボン（ジョッパーズ・ブリーチズJodhpurs breeches）は本来、インドのラジャスタン州ジョドプルJodhpur地方の民族衣装チュリダールChuridarを原型としたものであり、ポロ競技の選手の服装【図12-13】として始まった。

一八九七年、ヴィクトリア女王在位六〇周年式典が開催された際、英国に招かれた同地方のマハラジャ（太守）サー・プラタプ・シンが、自身が率いるポロのチームも連れて行った。彼らが着ていたズボンとブーツが大評判になり、たちまち英国陸軍の将校たちが制服に取り入れた。それから一〇年ほどの間に、乗馬ズボンとブーツの組み合わせは世界中の国で将校用の服装として定着し、第一次大戦〜第二次大戦期にはどこの国でも常識的に採用していた。日本陸軍でも、大正期から「短袴」の名で乗馬ズボンを採用している。本来、乗馬が許されない歩兵科などの下級将校も、馬に乗って高級将校について行く副官任務が与えられるのを機に馬装手当をもらい、長靴と短袴を誂えるのが通例で、昭和期になると兵科にかかわらず、初めから乗馬スタイルを用意するのが常識となった。

二つ目は、肩にタスキのような革帯を付けるサム・ブラウン・ベルト【図13-4】である。これはインド駐留の英国軍で騎兵指揮官として活躍したサミュエル・ジェームズ・ブラウン大将（一八二四-一九〇一）【図12-14】が始めたものだ。ブラウン大尉（当時）は一八五八年、戦場で左腕を失い、それ以来、重い軍刀を腰から下げるのが苦痛で、肩に補助ベルトを着けるようにした。それがカッコいい、ということで模倣する者が現れ、英本国でも評判になり、二〇世紀初めには正式な装備品として認められた。以後、将校専用アイテムとして世界的に広まった。

こうした経緯で、二〇世紀前半の将校は、どこの国でも膨らんだ乗馬ズボンにブーツ、肩にサム・ブラウン・ベルトといういでたちを好んだ。日本軍ではベルトの方は許可しなかったが、短袴と長靴は終戦まで日本軍将校の基本的な服装だった。また、悪名高いナチス親衛隊の黒服も、英国から流行した乗馬ズボンとサム・ブラウン・ベルトを使用したのである。

そして三つ目は、今でも一般の紳士服として広く着られている「トレンチ（塹壕）コート」【図12-15】だ。開戦を目前にした一九一四年、英陸軍は、将校がオプション購入する防水コートを民間企業のバーバリー社やアクアスキュータム社から調達することにした。

以前から、ベルトで腰を締めるラップ型のタイロッケン・コートが売り出されていたが、予想される欧州の戦場は寒く、ボタンが多く密閉度の高いものが求められた。こうして生まれたコートには、最初は肩章が付いていなかった。仕立て方として、クリミア戦争のときにラグラン男爵が考案したラグラン袖が採用された。一九一五年以後、双眼鏡や地図ケースなどを固定する肩章を付けるようになり、戦場に掘る塹壕（トレンチ）で着用するコート、という意味でトレンチコートと呼ばれるようになった。一九一七年には、この肩章に将校の階級章も付けるようにした。英陸軍将校の階級は、それまで袖口で示していたが、実用性を考えて、肩に階級章を付けることが許可されたのである。また同年から、将校だけでなく一般兵士にもこのコートを支給するようになり、トレンチコートの名が軍の公式な名称に採用された。

第一次大戦後は一般に普及し、映画『カサ

図 12-13：インドのポロ競技の選手

図 12-12：昭五式軍服

図 12-11：秩父宮の四五式御軍服

ブランカ』でハンフリー・ボガートが着て有名になった。第二次大戦後、むしろ民間用のコートとされ、軍の制式品からは外れていった。もっと高性能の防水、防寒衣料が生まれてきたからだ。しかし、民間用になっても、肩章、手榴弾などを吊るすためのベルトのDリング、射撃するときに銃床を受け止めるためのガンフラップなど、軍服としてのディテールが色濃く残っている。

英国といえば、一九一八年四月に、世界に先駆けて空軍が独立したことも見逃せない。翌一九年夏頃には、初の空軍独自の制服が登場している。ブルーグレー（青灰色）の背広型の軍服で、階級は海軍式に袖口の線章で示した。これ以後、英海軍の軍服が世界の海軍の標準となったように、英空軍の軍服も各国空軍の標準となり、空色の背広型が基本になった。

もう一つ大事な変化が第一次大戦であった。一七世紀後半から、兵士の頭には三角帽や二角帽、シャコー、ツバ付き制帽などが載せられてきたが、いずれも風雨や日差しの対策であり、頭部の防護はほとんど考慮されてこなかった。一八四二年にプロイセン軍が採用したピッケルハウベは当時としては画期的だったが、見かけの重厚さに反して素材には皮革や堅い紙を用い、軽さを重視したものである。ドイツ軍は二〇世紀になっても使用したが、第一次大戦の戦場では、激しい砲撃や爆撃の弾片から頭部を守ることはできなかった。そこで登場したのがスチール・ヘルメットである。

英国軍が洗面器のような形状のM1915ヘルメット・マークI（開発者の名前から通称ブロディー・ヘルメット）【図12-16】を採用したのが始まりで、すぐにフランス軍も重騎兵用の兜をアレンジしたトサカ付きアドリア型ヘルメット、ドイツ軍が非常に現代的なデザインのM1916ヘルメットを採用し、以後の戦場では常識化したのだった。

補足すると、この戦争から腕時計が普及した。苛烈化した戦場で、優雅にポケットから懐中時計を引っ張り出して時間を見る余裕などなくなってきたからである。

図12-14：サミュエル・ジェームズ・ブラウン大将。1858年に左腕を失い、サム・ブラウン・ベルトを考案した

図12-16：英陸軍のM1915ヘルメット・マークI

図12-15：トレンチコート

13章 第二次世界大戦——迷彩服と戦闘服の登場

ナチスの「黒服」と迷彩服

一九一四年六月二八日に、オーストリアのフランツ・フェルディナント大公夫妻がサラエボで暗殺された際、これが世界大戦につながると正確に予想していた人は少ないだろう。しかし、オーストリアがセルビアに宣戦したことで欧州各国の同盟関係と軍の即時動員体制が次々と発動し、世界の五〇か国以上が参戦する第一次世界大戦につながってしまった。

結果としてドイツ帝国、ロシア帝国、オーストリア帝国、オスマン帝国などが姿を消し、ナポレオン戦争後に固まった一九世紀的な封建秩序が崩壊して、一九一八年に終戦した。

敗戦後のドイツでは、帝国軍の解体後、ワイマール共和国軍（ライヒスヴェア）が誕生した。総指揮を執ったハンス・フォン・ゼークト大将【図13-1】は、戦勝国側からの厳しい制約下で、可能な限りの軍備と士気高揚を図った。そこで、新生陸軍の軍服は帝政時代に普及した折り襟のヴァッフェンロックを常装とし、将官は襟のラリッシュ刺繍やズボンの三本ラインを維持した。一九一九年、佐官以下の全将兵の襟に、帝政時代にはあくまで近衛兵の専用だった襟章リッツェン【図13-2】を付けることにした。一九二一年に兵科色が導入され、制帽の縁取りや襟章を彩った。二七年に将校以上の制帽に付けるあごヒモを、組みヒモ式ミュッツェンコルデルとし、全体に華やかにした。帝政時代の鉄十字勲章などの勲章類は、法的な裏付けを失ったものの着用することは構いなしとされ、ゼークト本人も、共和国大統領になったパウル・フォン・ヒンデンブルク元帥も誇らかに勲章を帯びていた。ヒンデンブルクの軍服の左胸には、ブリュッヘル元帥以来、史上二つ目の鉄十字勲章の最高位、大十字章の星章が輝いていた。

一九三三年、アドルフ・ヒトラー率いるナチ党が政権を取ると、すぐに制帽のワイマール国家章は、赤・白・黒の円形章を伴う柏葉付き帝国章に変更された【図13-3】。一九三四

図 13-1：ライヒスヴェア（ワイマール共和国軍）のゼークト上級大将と将兵。兵士の襟のリッツェンに注目。将校用制帽のあごヒモは、まだ組みヒモではない（1926 年撮影）

［右］**図 13-2**：ドイツ帝国のカール・フォン・プレッテンベルク大将。皇帝副官として右肩から飾緒を下げ、筆頭幕僚兼近衛軍団司令官として襟に幕僚用リッツェン（襟章）を付けている

［左］**図 13-3**：ドイツ陸軍のヴァルター・フォン・ライヒェナウ少将。1933 年の写真にはナチスの鷲章がない。将官用の「ラリッシュ刺繍」の襟章、右目のモノクルにも注目（Bundesarchiv, Bild 183-W0408-503 CC-BY-SA 3.0）

年二月一七日付けで、陸海軍の制帽の上部と制服の右胸に、ナチ党のシンボル「ハーケンクロイツをつかんだ鷲」が付けられた【図13-4】。鷲章は古代ローマ以来、「帝国」の象徴であり、ナポレオンのフランス帝国でも使用された。ヒトラーは、自分のナチス帝国を神聖ローマ帝国、ドイツ帝国に続く「第三帝国」と規定し、軍人にも、その象徴である鷲章を付けることで忠誠を誓わせた。

帝政時代の制帽上部には帝国を示す円形章、下部に各領邦国家の円形章を付けていた。共和国時代の制帽では、上部に各州を示す円形章を付けたが、ここに統一的な鷲章を付けることで、第三帝国が地方自治を許さないことを明示した。

図 13-4：ドイツ陸軍の（左から）ルントシュテット大将、フリッチュ大将、ブロムベルク上級大将。1934 年の写真では、制帽と右胸にナチスの鷲章を付けている

図 13-6：ナチス親衛隊の黒色勤務服（右）、グレー勤務服

図 13-5：ドイツ陸軍の戦車兵特別被服

一九三四年、陸軍で新たな制服が制定された。装甲科の戦車兵特別被服【図13–5】である。黒いダブル、隠しボタンに短丈の上着で、襟にドクロの徽章を付けたが、これはフリードリヒ大王以来のエリート部隊、親衛軽騎兵のイメージを継承しようとしたものだ。一方、これは「軍服」とは呼べないが、ナチスが政権を取る直前の一九三二年七月、ヒトラー個人に絶対の忠誠を誓うナチス親衛隊の制服【図13–6】として、開襟の黒色勤務服が制定されている。こちらも黒色に銀色の装飾や階級章、ドクロの帽章を付けるもので、やはりプロイセン以来の親衛軽騎兵の制服を意図的に模倣したものだった。時々、親衛隊の「黒服」と、戦車兵の「黒服」を混同してしまう人がいるが、元ネタが同じだから視覚的に似ているのであって、全くの別物である。また、一九三八年三月に親衛隊はグレー勤務服を定めており、以後は黒服の着用は少なくなった。

一九三五年三月に共和国軍は国防軍（ヴェアマハト）と改名し、ドイツ航空スポーツ協会はドイツ空軍になった。空軍の制服はフェルトブラウ（青灰色）で、開襟にネクタイ着用の背広型【図13–7】だった。総司令官ヘルマン・ゲーリング元帥の意向で、陸軍色を払拭した新鮮なイメージを狙った。

翌年、ドイツ軍の軍服として最も有名なM1936【図1–3】が制定された。従来の軍服の延長線上にあるものだが、ボタンは原則五つ（将校では六つ以上のものも多く見られた）とし、伝統と現代性のバランスがよく取れた軍服である。これ以後、戦時簡易型の軍服が多く登場したが、M36は終戦までドイツ陸軍の標準的な服として使用され続けた。

同じく一九三六年、親衛隊の中でも強力な武力を誇る武装親衛隊で、世界で初めて迷彩服【図13–8】が登場した。テスト的な使用は以前からあったが、専用の迷彩服として制式化された最初の例だ。これは「ターンヤッケTarnjacke」と呼ばれ、常装の上から戦闘時に羽織るスモックだった。

［右］**図13–7**：ドイツ空軍の常装
［左］**図13–8**：ナチス親衛隊の迷彩服

［右］図13‐9：ポーランド陸軍のグスタフ・ツルスコラブスキ准将。戦前の写真だが、第２次大戦期もこのような軍服だった。ウーランの伝統を受け継ぐ四角い帽子と波形の装飾に注目　［中］図13‐10：マラケシュを訪れた自由フランス軍のド・ゴール少将（右）とチャーチル英首相。チャーチルは英空軍の空色の軍服を着ている（1944年1月）　［左］図13‐11：M1943キチェリ軍服姿のイワン・コーニェフ元帥

英国で生まれた戦闘服の元祖

一九三七年、英国で世界初の戦闘服、バトルドレスが採用された。これまでは、フリードリヒ大王時代の一八世紀から、どこの国でも、原則として同じデザインの軍服をドレスアップして礼装とし、ドレスダウンして常装、略装、野戦服などと使い分けてきた。しかし、どんどん激烈になる現代戦を見越して、英陸軍は戦闘専用の実用服を打ち出したのである。英陸軍の常装は第一次大戦時代からほぼ変化がなかったが、開戦後はほとんど、この新型戦闘服で押し通すこととなる。

一九三九年九月一日、ドイツ軍がポーランドに攻め込んで第二次大戦が始まった。ドイツ装甲師団に立ち向かったポーランド騎兵連隊の将兵は、カーキ・グリーンのM1936軍服を着ていた【図13‐9】が、頭に被るロガティフカ帽は、あの一八世紀のウーラン部隊のチャプカ帽の流れを汲む四角いもので、襟に付ける波形装飾もウーランの伝統である。ロシア革命を受けて約一二〇年ぶりに独立を取り戻したポーランドは、ここでドイツ軍に降伏し、戦後は長きにわたりソ連の実質的な支配下に入ることとなる。

翌年、ドイツ軍が対戦したフランス軍は、色こそ水色からカーキになり、さすがに肋骨服も常装から礼装になっていたが、第一次大戦当時からあまり変わらない軍装だった。M1939軍服は、従来の折り襟から開襟ジャケットにネクタイ型となったが、肩にはフランス伝統の正肩章を付けるための縦型タブが付いており、ナポレオン時代からの形式を守る筒型のケピ帽も加えて、伝統を堅持する精神が濃厚だった。この後、フランスの降伏後、英国で自由フランス軍を組織したシャルル・ド・ゴール少将【図13‐10】のケピ帽の印象があまりに強かったため、戦後にはフランスの筒型軍帽はド・ゴール帽と通称されるようになる。

一九四一年六月二二日、ドイツ軍がソ連に侵攻して独ソ戦が始まった。ソ連軍は、第一次大戦中に普及した英国風の折り襟服、フレンチ軍服を標準服とし、M1935軍服から襟に階級章を付けるようになった。M1940からはポケットの形状を変更している。野戦用としてはM1935ルバシカ野戦服を着用した。緒戦でドイツ軍が連戦連勝したことで、士気の低下を恐れたヨシフ・スターリンは、帝政時代の軍服を意識した詰め襟のM1943キチェリ軍服【図13‐11】、M1943ルバシカ野戦服を採用した。肩に伝統の板型肩章を付け、それまで強調し続けてきた革命精神から、伝統回帰と祖国への愛国心を強調したものだ。

米軍で続々と生まれた戦闘衣料

欧州でドイツ軍が快進撃を続ける頃、まだ

平和を保っていたアメリカ軍で、M41フィールドジャケットが生まれた。第三軍団管区司令官J・K・パーソンズ少将が開発を推進した被服なのでパーソンズ・ジャケットという通称がある。アメリカ独自のブルゾン型戦闘服の原型である。アメリカ陸軍の常装は、第一次大戦中の詰め襟型から、一九三〇年に開襟、ネクタイ型に転換した以外、大きな変化がなかったが、ここにきて新時代の戦争に適応した服制を模索し始めたのである。この後、実戦の戦訓を踏まえて、戦時中のアメリカ軍戦闘服の決定版であるM43フィールドジャケット、戦車兵用のタンカース・ジャケット、空挺部隊用のパラシューター・ジャケットなどが採用された。

一方、パイロット用の被服もこの時代に続々と登場している。一九二七年に米陸軍航空隊が採用したA-1ジャケット、これを改良して三一年に制式化したA-2ジャケット【図13-12】、海軍向けのG-1ジャケットなどの皮革製フライト・ジャケットは、今日に至るまでブルゾン衣料の決定版として愛されている。A-2は、一九世紀末にアメリカで考案されたジッパー(チャック)を、本格的に使用した世界初の量産被服と言われる。

一九四一年一二月八日、日本海軍の真珠湾攻撃を受けると、暑い気候の太平洋戦域向けの被服が開発されたが、実際に最も普及したのは本来、作業用の被服とされたM42HBT(ヘリンボーンツイル=杉綾織)作業服で、陸軍や海兵隊の兵士が多く着用した。

アメリカ軍と戦う日本陸軍の軍服は、すでに長期化していた日中戦争の経験を反映して、一九三〇(昭和五)年制定の昭五式軍衣から、一九三八(昭和一三)年に折り襟の九八式軍衣に変更し、階級章は襟章で表示するようになる。生地の色調も、より暗い色の青帯茶褐色に変化した。戦争中の一九四三年に改良型として、襟と階級章を大きくし、将校の袖に階級線を加えた三式軍衣となった。この軍服には様々に個人レベルでの工夫も見られ、陸自需品学校に現存する支那派遣軍総司令官・岡村寧次大将の三式軍衣【図13-13】は、裏面にしっかりとキルトの防寒仕様が施されている。

日本海軍の軍装は紺色の一種軍装、白い二種軍装で、大正時代以後大きな変化はないが、戦争末期の一九四四年に、緑灰色で開襟、ネクタイ着用の三種軍装が制定され、それ以後は本土決戦に備え、原則としてこの服装が敗戦まで広く使用された。

最後の「カリスマ」たち

第二次大戦を境にして、戦争は画一化、没個性化が進んだといわれる。兵器の性能が向上して戦争が変質し、フリードリヒ大王やナポレオンのような偉大なカリスマが、戦い方やルックス面で個性を競い合った時代とは異なってしまった、ということだ。

それでも、まだこの時代には、個人としての才能でもルックスでも目立った、自己主張の強い指揮官たちがいた。たとえばドイツ軍の名将エルヴィン・ロンメル元帥【図13-14】は、第二次大戦で制定された騎士鉄十字勲章だけでなく、第一次大戦で授与された英雄の証、プール・ル・メリート勲章を必ず首元から下げていた。アフリカ戦線では、英軍から奪ったマークII型ゴーグルを制帽に取り付けていた。急速に気温が低下する砂漠地帯では、革製のコートと、英国風チェックのマフラーを

図13-12:A-2フライト・ジャケット

愛用した。元帥に昇進後、いつでも手にしていた略式の元帥杖も合わせて、「ロンメル・ファッション」と称してもいい装いが彼の個性を際立たせた。

ロンメルのライバルと目される英陸軍のバーナード・モントゴメリー元帥は、戦車兵用のベレー帽がトレードマーク。そして、海軍ではよく着用されていたが陸軍では珍しいダッフル・コートを愛用していた。一説によれば、一九四〇年六月にダンケルク海岸から撤退する際に、地元の市民から贈られたのがその種のコートであったという。それからダッフル・コートは「モンティー・コート」の異名をとり、戦後になるとこの名前で一般の市場に売り出された。

一九四四年六月六日のノルマンディー上陸作戦の指揮を執ったことで有名なアメリカのドワイト・デーヴィッド・アイゼンハワー元帥【図13-15】は、英陸軍のバトルドレスを見て大いに気に入り、米軍でもこの種の丈が短い軍服を採用することを提案した。そして生まれたのがM1944ジャケットである。本人も大いに愛用したので「アイク・ジャケット」という名前が付いた。猛将ジョージ・S・パットン大将もM44を好んで着ており、乗馬ズボンに乗馬ブーツ、腰には象牙の握りの二挺拳銃、という姿が新聞や雑誌で有名になった。もっとも、拳銃はマスコミ受けを狙った演出で、日頃は着けていなかったという話もある。

太平洋戦争の開戦前にすでに現役を離れ、フィリピン軍に元帥として移籍していたダグラス・マッカーサー大将は、米陸軍に復帰しても、フィリピン軍元帥の制帽に米軍の国家徽章を付けて被っていた。彼はイメージに大いにこだわる人で、第一次大戦中も、タートルネックのセーターに、針金を抜いて変形させた制帽を斜めに被り、ムチを手にしたダンディーなスタイルで指揮を執り、有名になった。米陸軍でも元帥に昇進し、終戦後に連合軍最高司令官として日本に乗り込んでからは、フィリピン軍の元帥帽とコーンパイプ、レイバン社のパイロット用サングラス、ノーネクタイのシャツにチノパンと、今でいう「クールビズ」スタイルで、相手が天皇だろうが大臣だろうが押し通し、パワー・ファッションを日本人に浸透させた。

もう一人、第二次大戦である意味最も派手

図13-13：三式軍衣を着た岡村寧次大将

な服装の人物は、ドイツのヘルマン・ゲーリング国家元帥【図13-16】であろう。フランスが降伏した後、空軍元帥から、ドイツ軍でただ一人の「国家元帥」に昇格した彼は、空軍の青い服を脱ぎ捨てて、白や灰色の特別製「制服」を作らせた。制服と言っても、国家元帥は彼一人なのだから着るのは彼だけであり、実際にはルールなど何もない。空軍でよく着られたフリーガー・ブルセ（航空上衣）を基本とするデザインに、空軍の階級章を基にした金色の装飾、専用の国家元帥杖、さらにヒトラーから贈られた大十字鉄十字勲章——これは、第二次大戦では彼一人だけに授与された——を首から下げて、得意満面で歩き回る姿が、ドイツの新聞や雑誌、ニュース映画に登場した。

個性的な面々のその後も、それぞれに個性的だ。よく知られるところだが、ロンメルはヒトラー暗殺計画への関与を疑われ、自殺を強要された。戦後、モントゴメリーは参謀総長になり、子爵となって英国貴族に列した。アイゼンハワーは参謀総長を経て、後に合衆国大統領になり、最期はアイク・ジャケットを着た姿で納棺されたという。パットンは戦争が終わった一九四五年の一二月に交通事故に遭い、あっけなくこの世を去った。マッカーサーは一九四八年の大統領選で、共和党候補指名選に出馬し惨敗した。その後、朝鮮戦争で国連軍の最高司令官となるが、トルーマン大統領に解任されて引退し、一九五二年の大統領選でも相手にされず、かつての部下のアイクが大統領になるのを見た。彼は東京五輪の開幕を半年後に控えた一九六四年四月に亡くなった。ゲーリングは敗戦直前にヒトラーの怒りを買い、すべての栄典と官職を剥奪されたが、直後にヒトラーが自決したので、逃げ延びてアメリカ軍に投降した。ニュルンベルク裁判で雄弁を振るった後、隠し持っていた青酸カリで自殺した。

［右］図13-14：エルヴィン・ロンメル元帥
［左］図13-15：アイク・ジャケットを着たアイゼンハワー元帥

図13-16：ヘルマン・ゲーリング国家元帥

14章

冷戦から現代の軍服
——国際関係と未来への展望

戦争とともに進化する米軍の戦闘服

アメリカとソ連の二大強国による冷戦時代には、当然それぞれの国の影響が非常に大きく、西側陣営も東側陣営も、同盟関係にある国同士の服装や装備が似通っていった。朝鮮戦争（一九五〇－五三）、ベトナム戦争（一九五四－七五）と対立が深まる中、その傾向は強まった。しかし冷戦が終わった一九八九年以後、ソ連の崩壊で共産圏が解体し、東欧を中心に大きく軍装が変化した国もある。湾岸戦争（一九九一）から後、二〇〇一年九月一一日のアメリカ同時多発テロを経て、対テロ戦争や対ゲリラ戦争、いわゆる非正規戦が主流となり、無人兵器も多用されるようになった今、戦争のあり方も大きく変化している。

第二次大戦後の軍装は、勤務服として開襟型軍服を着用し、戦闘ではブルゾン系の野戦服を用いる、というアメリカ軍式が世界の主流となった。戦争と直結した軍装の変化は、今日では特に戦闘服に影響が現れる。さらに米軍が世界に広めたラフな服装スタイルは、市民のファッションそのものを大きく変えて、一九五〇年代以後のカジュアル化を推進してきたともいえる。大規模な戦争には多くの市民が参加し、彼らが社会に戻ってくると、軍隊で覚えたカジュアルな服装を好むようになる、という流れである。

朝鮮戦争のさなかの一九五一年に、M43を改良した新型戦闘服のM51【図14－1】が採用された。M43を基本として、ボタン留めからジッパー開閉にしたものだ。もう一つ、同じ一九五一年採用のために、やはりM51と呼称されるフード付きコートがある。冬の朝鮮半島で防寒に効果的な衣服として米軍が初めて採用したパーカだ。パーカとはもともと極地に住む民族の防寒衣服で、それまでは一般的に知られるものではなかったが、このM51パーカから有名になった。少し後、一九六〇年代初めの英国ではモダンジャズ

図14－1：M51ジャケット

図14－2：M65ジャケット

（略してモッズ）、ロック音楽の流行を下地として、当時の青年たちがモッズ文化を生みだした。ミュージシャンたちは好んで米軍渡りのM51パーカを着たので、この被服はアパレル界で「モッズ・コート」の異名をとった。

ベトナム戦争では、従来の戦闘用ジャケットの長所を網羅したM65ジャケット【図14-2】がお目見えしている。襟の形がヘルメットや装備品に干渉しない形状に改められた。映画『タクシードライバー』でロバート・デ・ニーロが着用して注目され、一般向けファッションとしても人気が出て、今ではカジュアル衣料の定番品になっている。

図14-3：MA-1フライト・ジャケット

大戦中にドイツ軍で登場した迷彩柄は、ベトナム戦争からアメリカ軍の密林用戦闘服ジャングル・ファティーグで広く使用され、普及した。一九八〇年代あたりからは、カモフラージュ柄は一般のファッションにも取り入れられるようになった。

米海軍のパイロット用ジャケットG-1は息の長いロングセラーとなり、一九八〇年代になって映画『トップガン』のポスターなどでトム・クルーズが着用し、一大フライト・ジャケット・ブームを生んだ。皮革製のG-1はかなり高価なために、一般への普及も限定的だったので、実際に街で若者たちが着たのは、やはり劇中でクルーズも空戦シーンなどで着ていた普及型ナイロン・ジャケットのMA-1【図14-3】の方だった。MA-1とはモディファイmodify、つまり修正したA-1の意味だ。一九七七年からは、アメリカの陸海空軍および海兵隊のパイロットは、さらに難燃素材を使ったCWU（コールド・ウェザー・ユニフォーム）、通称MA-2を航空被服として使用している。

一九八一年、新時代の戦闘服として米軍はバトル・ドレス・ユニフォーム（BDU）を採用した。多様化する戦場の地勢に対応し本格的に迷彩効果を考慮し直したもので、ウッドランドパターン迷彩、さらに湾岸戦争ではデザートパターン（砂漠迷彩）のものが使用された。

二〇〇五年春からは、アーミー・コンバット・ユニフォーム（ACU）が戦闘服として支給されている。コーデュラナイロンを使ったボディアーマー、面ファスナーで取り外しの容易な階級章や徽章、ノーメックス素材の手袋、暗視装置で視認されにくく、戦闘時に最大限効果を発揮する新パターンのデジタル迷彩などを使用している。

国際関係と歴史を反映する常装

第二次大戦期までは、常装がそのまま戦闘服だったから、地味な色彩が各国で採用されたのだが、今日では、戦闘用の被服は別にあるので、常装も準フォーマル服に「格上げ」されつつある。地味な保護色を常装に使う意味は薄れ、むしろ「軍服が派手だった時代」に回帰してもよい状況に変化している。よって現代では、常装については、戦争そのものより政治的な駆け引き、国際関係や、その国の国内事情の方が色濃く反映される傾向がみられる。特にそういう側面は陸軍の常装で顕著である。ほぼ世界共通で英国式の、紺色か黒色のブレザーまたはセーラー服を着ている海軍、これまた世界共通で空色系の背広型制服を着ている空軍と比べて、陸軍の軍服が、時代的な背景やお国柄、伝統を最も表しやすいのだ。

米陸軍は一九〇二年から半世紀以上、使用したオリーブドラブの常装を改正し、

図14-4：アーミー・サービス・ユニフォーム

一九五四年に緑色のグリーン・サービス・ユニフォーム（GSU）を採用した。以来、冷戦時代を通じて六〇年間以上使い続けたのだが、これに代わって、二〇〇七年に紺色のアーミー・サービス・ユニフォーム（ASU）【図14-4】を制式化した。それまでドレスブルー（礼装）としてごく限定的に使用されてきたものを大々的に復活させ、一八世紀末、初代司令官ワシントンの時代の「青地に黄色の軍服」へ原点回帰したもので、将校の階級章も一九世紀に使用された縦型のものに復古した。

　これに合わせ、それまで米軍の色調ということもあって流行していた緑色の常装は、二〇二〇年頃までに、世界的に大幅に減少した。色調としては、アメリカに合わせるように、カナダ、インドなどダークカラーに変更する国が増えた。一方欧州は、デザイン的にはフランス、ドイツ、ポーランドやスウェーデンなど、伝統のある国が独自路線を貫いており、色調としては全般に灰色系か青系が主流である。また英連邦諸国では、今でも英国の影響が強いデザインが多い。同時期に緑を堅持するのは中国、韓国、ロシア、ベトナム、ニジェールなど少数派だ。

　中国人民解放軍の陸軍は、前身の八路軍の時代は、主にスカイブルーを使用していた【図14-5】が、一九四九年に毛沢東が緑色を採用し、二〇〇七年の制服全面改正でも踏襲された。中国軍の中でも警察権と軍事力を合わせ持つ武装警察（武警）【図14-6】は、緑色の基本色で、黄金色のラインが入った制服が特徴である。

　韓国陸軍は少なくとも一九五八年の常装で緑色を使用しており、五四年に米陸軍が緑色になった直後から採用したと思われるが、冷戦の間、一貫して茶褐色を使用してきた北朝鮮軍やソ連軍との差別化という意識も強く働いたことだろう。

　ソ連陸軍の常装は、一九五八年に四三年以来の詰め襟から開襟ネクタイ型の軍服に改正し、ずっと茶褐色を使っていた。ソ連崩壊後のロシア陸軍は、一九九二年のエリツィン政権下で緑色に変更した。緑はロシア帝国、ピョートル大帝以来の色であり、むしろ冷戦時代にアメリカに緑色を奪われてしまったわけで、原点に立ち返ったといえる。二〇〇八年、プーチン政権下での改正では、帝政末期を思わせるオリーブがかった緑色の礼装や宮内装、青みの強い緑のパレード礼装を採用し、帝政時代への一層の回帰を進めている。

　ところでロシア軍将校の制帽は、時として異様に巨大な形状だが、これはソ連時代末期に極東の海軍管区で始まった流行で、制帽のサイズに関する規定がないために、ああなるようだ。

陸上自衛隊の制服の歴史

　自衛隊は軍隊ではないが、軍事組織として国際的に認識されており、その制服の変遷も、複雑な国内事情や、国際関係の変化と無縁ではない。

　一九五〇年の警察予備隊の発足、さらに保安隊と呼ばれた時代の制服は、米陸軍から供与された軍服そのものである。米陸軍は

［右から］
図 14-5：八路軍女性兵士
図 14-6：武装警察女性将校
図 14-7：陸上自衛隊隊員（1954 年）
図 14-8：保安隊女性隊員（1953 年）

［右］**図 14-9**：58 式常装：男性用
［左］**図 14-10**：58 式常装 女性用

［右］**図 14-11**：70 式常装：男性用
［左］**図 14-12**：70 式常装：女性用

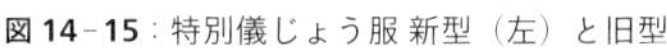

図14-15：特別儀じょう服 新型（左）と旧型

図14-13：91式常装：男性用

図14-14：モンゴル国軍 儀仗隊員

一九五四年に、それまでのオリーブドラブの常装を廃止して、緑色のグリーン・サービス・ユニフォームに切り替えたので、古い制服や生地が大量に余り、日本に供与しやすくなった。一九五四年に陸上自衛隊が発足した時点でも、米軍から供与されたM44アイク・ジャケットと制帽を使用していた【図14-7】。また一九五二年、保安隊の時代に初めて女性が入隊して、日本として初の女性の制服【図14-8】が登場している。これも米軍女性用の供与品だったので、サイズはかなり大きな感じだった。

初めて独自の制服として制定された58式常装【図14-9】は、紺灰色の警察官のようなイメージの制服だ。ちょうど時代は日米安保改定の時代で、安保闘争の嵐が吹き荒れていた。米軍を想起させるオリーブドラブ色を離れて、この当時としては軍服という印象が薄かった紺色系を選択したのだと思われる。女性用【図14-10】はダブルの上着で、イメージ的には航空会社の制服のようだ。

70式常装【図14-11】になると、急速に軍装らしくなる。帽章も鳩のマークから、旧軍の近衛師団のものに似たデザインに変更された。茶灰色という生地は珍しいが、58式よりも軍事組織らしくしたいという意味合いが込められていたように思う。女性用【図14-12】は六個ボタンの上着が目を引く。また、女性用の70式冬正帽は、今見ると変わった形状の物が採

図 14-17：英海軍婦人 2 等士官（大尉相当。第 2 次大戦時）

図 14-16-1、2：アーミー・グリーン・ユニフォーム（ピンクス&グリーンズ）

［左］**図 14-18**：米空軍の女性将官用制帽（新型）
［右］**図 14-19**：米海軍の女性将官用制帽（新型）

用された。これはどうも不評だったようで、その後の服制資料を見ると、一九八〇年代には夏用の71式正帽を通年で被る規定になっており、70式正帽は短命で終わったようだ。

一九九一年、米陸軍のグリーン・サービス・ユニフォームによく似た91式常装【図14－13】が登場した。時代は湾岸戦争からPKO（国連平和維持活動）への参加という時代で、自衛隊を取り巻く政治的な面や国際環境も大きく変わってきたことが背景にうかがえる。

二〇一八年に16式常装【図1－1】が緑色を廃し、紫紺色を採用したのも、先に見たような国際的な軍装界の変化の反映とも言える。

一八七三（明治六）年の陸軍の正装【図11－3】は濃紺で、特に将官用の装飾には紫色を使用した。紺色系は古来、日本の伝統色としては褐色と呼ばれ、「勝ち色」に通じるとして武家に好まれた色である。明治陸軍は特に「軍勝ち色」と通称した。また、紫は古代以来、勅許がなければ使用できない禁色で、最上級貴族が用いた高貴な色。鎌倉期以後は武家でも尊ばれ、征夷大将軍の専用色だったこともある。

もちろん今回の新常装が紫紺色になった直接的な理由に明治陸軍への回帰があるわけではないが、ルーツへの回帰傾向が強く見られる昨今の世界の軍装から見て、由緒ある伝統色を意識した今回の改正は、国際的にも納得され得る変化だったと考える。

華やかさを増す儀仗服

実戦から最も離れた位置にある軍服が儀仗服である。外交儀礼の場で、国家元首や国賓を接遇する際の制服であり、平時における軍隊の重要な仕事の一つである。儀仗隊の制服は一般に、その国の常装ではなく、歴史的な服装か、特別にデザインした晴れの衣装である。一八五〇年代から一貫して「深紅のチュニック」を着用する英国の近衛兵や、やはり同時期の帝政時代の軍装を継承して、肩章や筒形帽、赤いズボンを使用するフランス軍儀仗隊など、欧州の歴史ある国では、おおむね一九世紀に用いられた伝統的な軍装を継承している。

世界の常装は保護色的な色調から、やや派手、かつ復古的な方向に変化しているが、儀仗服についてはそれが一層顕著で、日本の周辺国で言えば、一九九一年に盧泰愚政権下の韓国で、国賓を接遇する時に王朝時代の武官を再現した「伝統的服装」を用いるようになった。ロシア軍では二〇〇六年五月、大統領宮殿連隊が帝政時代を思わせるシャコーや正肩章を用いた復古的な詰め襟軍装に改正し、二〇〇八年には第一五四独立警備連隊の儀仗服も、帝政時代の軽騎兵礼装を再現したものに変更している。同年九月、モンゴル国軍儀仗隊【図14－14】は、チンギス・ハン時代のモンゴル帝国の甲冑を想わせる様式を採用して世界を驚かせた。日本の陸上自衛隊も、二〇一七年に特別儀じょう服を改正【図14－15】し、これまでにない新鮮なイメージを打ち出している。新型儀じょう服は、日本を代表するデザイナー、コシノジュンコ氏を監修に据え、現代日本文化のモダンな面と、軍装の伝統を継承する国際国家の側面を表現している。プルシャン・ブルーの色調は一九世紀的ロマンと美を示し、赤いラインは日本の国章の色を表現。全体的には軽騎兵の礼装を想わせる印象だが、片側だけにボタン列を配置したアシンメトリーなデザインは大胆で、伝統とモダンを兼ね備えた現代日本らしい制服だ。

米陸軍の新しくも伝統的な新制服

アメリカ陸軍は、長年使用された緑色の常装GSUを廃止し、二〇一五年に紺色のASUに更新し終えたばかりだが、二〇一七年初冬、さらに新しい勤務服を導入することを発表した。それは第二次大戦から朝鮮戦争の時代に着用されたクラスA勤務服をイメージしたもので、正式名はアーミー・グリーン・ユニフォーム（AGU）、通称は大戦中と同じく「ピンクス&グリーンズ」【図14－16－1、2】と呼ばれる。

上着はオリーブドラブで、一応「グリーン」と呼んでいるが、旧型の緑色とは全く異なり、実際の色は茶色が強い。大戦中の軍服と同じように、ほとんどチョコレート色である。ズボン及びスカートは「ピンク」と呼ばれる赤みの入ったベージュ色だ。胴締めのベルトや茶色い革を使ったツバのついた制帽を採用し、略帽としては戦後に主流となったベレー帽ではなく、大戦中まで使用された舟形のギャリソン帽を復活させるなど、まさに米軍が最も輝いていた時代を想起させる装いである。戦時中の陸軍参謀総長ジョージ・マーシャル元帥の軍装を再現する、というのがテーマだと発表されている。二〇一九年六月六日、一部で正式な着用が開始され、翌年六月には一般隊員にも広げられた。

ピンクス&グリーンズが制式化した後、ASUも廃止されることはなく、順次、礼装に昇格して、儀礼の場や、儀仗などで引き続き、使用される見込みである。

ところで、初めて女性が軍に本格的に参加するのは英国においてだが、英陸軍は補助地方義勇軍 Auxiliary Territorial Service（一九三八年創設）から、男性と同形の上着（ボタンも男性と同じ右前合わせ）を制定し、男性と似たスタイルの官帽子を制帽とした。実際には、当初は柔らかい形状の制帽だったが、女性隊員たちは男性と同様の、張りがある形状にわざわざ変形させ、針金を入れて整形するのが流行ったという。一方、海軍は英国海軍婦人隊（一九一七年創設）Women's Royal Naval Service の制帽として、一八世紀風の三角帽（トライコーン）を採用した【図14-17】。当時の女性は補助隊員扱いで、正直なところ、女性の将校相当官に、あまり威厳は必要とされていなかった。

その後、各国の軍隊の女性用制帽は、男性と同形の国と、女性用三角帽の国に分かれた。米軍は長らく後者の立場だったが、二〇一〇年代に米空軍が女性大将の登場に合わせて女性の制帽を官帽子型とした【図14-18】。一六年には米海兵隊、一七年には米海軍でも男女同形の官帽子に一本化した【図14-19】うえ、制服の一部についても男女同形化（ユニセックス化）が進んだ。

米陸軍は、二〇〇七年の制服改正で男女同形化を行わなかったが、二〇一九年導入の新型常装アーミー・グリーン・ユニフォームでは、女性も男性と同形の官帽子を被ることにした。従来型のリボン状のネックタブを廃止し、こちらも男女同形の結び下げネクタイを採用、さらに略帽も男性と同じく舟形のギャリソン帽を使用する。靴はこれまで、常装ではパンプスしかなかったが、新型ではヒモ靴とパンプスがあり、主にスカート着用時にはパンプス、ズボン着用時にはヒモ靴、などと選択できるようになった。スカートの形状も、ペンシル型、つまりタイトなものに変更されたが、これも女性隊員の希望を聞いてのことだという。

服制検討に当たり、マーク・ミリー陸軍参謀総長（その後、統合参謀本部議長）は要望事項として、「伝統的な軍服としての強靱な印象を維持しつつ、最新素材による着心地とフィット感を重視し、女性の軍服をできるだけ男性と同形に近付けること」を求めた。米軍に見られる「服装のユニセックス化」は今後、世界の軍装のトレンドとなりそうである。

アメリカ軍は、二〇一九年八月に従来、空軍内にあった宇宙軍に代わる統合軍「アメリカ宇宙軍（宇宙コマンド）United States Space Command」を発足させ、同年末には陸海軍などと並ぶ独立軍「アメリカ宇宙軍 United States Space Force」として昇格させた。創設当初は新しい制服は採用されず、母体となった空軍の軍服が着用されたが、今後は独自色を強めるだろう。これからは各国で宇宙を舞台とする新しい軍種、兵科が生まれてくることが予想される。その制服は、映画「スター・ウォーズ」や「スター・トレック」に出てくるようなSF的なものなのだろうか。それとも意外にオーソドックスで伝統的なものなのだろうか。大いに注目されるところである。

おわりに

　これまでにも軍服や紳士服の歴史について解説する書籍を出してきたが、今回は戦争という場面で、敵味方がどんな服装だったか、という点を重視してみた。よって戦記物のような描写を多くし、読み物としての面白さも追求してみたつもりであるが、いかがだっただろうか。

　グスタヴ二世アドルフやルイ一四世、フリードリヒ大王、ナポレオン、ネルソン、ウェリントン公といった名だたる英雄たちの時代については、やはりその人の人生や戦歴、時代背景を丹念に追いかけ、彼らが実際に活躍した戦場を想起することで、なぜ彼らがそのような服装を採用し、こだわっていたかが浮き彫りになってくると思う。特に本書では、彼らが未完成の時代、指揮官として未熟なデビュー戦の時期の様相を意識的に取り上げてみた。カリスマ的なリーダーの個性を、軍服という彼らの視覚的な側面が支えていたのが、一九世紀前半までの戦争だった。

　戦争が現代化してくる一九世紀後半以後は、軍服も地味な色調になり、個々の登場人物も、個人としてのふるまいは目立たなくなる。戦争が巨大なスケールとなり、システム化し、殺伐としたものになるほどに、軍服も変質していく様を表現しようと努力してみた。現代に近づけば近づくほど複雑な要素が多くなり、表現するのが難しくなるのも事実である。

　火器の発達が近代的な軍服を生んだ、と本書で取り上げてきたが、これからの時代には、ますます未来的な兵器が登場し、宇宙を舞台にしたSF映画のような世界が現実のものとなりつつある。当然、それに応じて新しいユニフォームが登場するだろう。しかしまた、東西の陣営により画一化していた冷戦が終わり、現代の世界の軍服では、その国の民族的アイデンティティーや文化、誇り、伝統を前面に押し出した独自性も強く求められている。

　軍服の研究、ユニフォーモロジーというものが、単なるマニアックな軍装の収集などではなく、政治史的で文化史的なものである、という一面を本書でご理解いただけたなら、これにまさる喜びはない。

　なお本書では、用語に欧文を付記しているところが多いが、これは原語を示すことで、特に服飾やアニメ、ゲーム、漫画制作などの現場にいる方たちなどが、これを基に一層の調査をして理解を深めていただくためである。登場する人物の名言も原語を紹介している箇所があるが、これも、しばしば日本語訳のセリフがひとり歩きして出回り、ニュアンスが誤解されている例が見られるため、本人が実際に言ったとされるセリフを正確に知っていただきたいからだ。

　改めて、私たちの師である歴史復元画家・中西立太先生の先駆的業績に謝意を表したい。また、辻元玲子の画業の師である折本光太郎先生に特別の感謝を捧げる。日頃からご協力を頂いている防衛省陸上幕僚監部、陸上自衛隊需品学校の皆様に厚く感謝申し上げる。また、河出書房新社編集部の渡辺史絵氏に、別して謝意を申し上げたい。そして、本書を手に取って頂いた全ての皆様に深甚なる感謝をお伝えして、筆を擱かせていただきたい。

令和三年二月一八日

辻元よしふみ、辻元玲子

一 軍人の階級と軍隊の編成

軍人の階級入門

軍人の階級は欧米では16世紀ごろから現れて、18世紀後半までに整備された。

本図はあくまでも理解を助けるための目安であり、国により時代により、軍人の階級は単純比較できない。ましてこちらも千差万別である民間企業とそのまま比較もできない。省庁や参謀本部などでの公務員としての役職に対応する階級も、組織により異なる。日本の防衛省では、部長は将補、課長、班長は1佐、係長は2佐、担当は3佐が務める。

ドイツ国防軍陸軍の下士官ランクはもっと複雑だが、代表的なものを挙げた。

日本軍の元帥は正確には階級ではなく、大将の一部の人が授かる称号である。

日本の自衛隊の統合幕僚長や幕僚長は、階級としては将だが、実質的に大将扱いとなる。

自衛隊の階級は、陸・海・空の別を入れて海将補、1等陸佐、3等海尉、2等空曹などと示すのが正式だが、一般的には将補、1佐、3尉、2曹などと呼んでいる。

准将（海軍では代将とも）は、国によって将官であったり、佐官の最上位扱いだったりする。

企業での役職を例とすると、将官＝重役・役員、佐官＝管理職、尉官＝中間役職者、准士官と下士官＝指導社員、兵卒＝一般社員、という感じになる。尉官以上の管理職や役職者にあたるのが将校で、下士官以下はまとめて下士官兵という用語がある。

表 1：軍人の階級

企業	区分	日本陸軍	自衛隊	英国陸軍	ドイツ国防軍陸軍
会長	将官	元帥（げんすい）	—	Field Marshal	Generalfeldmarschall
		上級大将（じょうきゅうたいしょう）※	—	—	Generaloberst
社長		大将（たいしょう）	統合幕僚長、幕僚長	General	General
重役		中将（ちゅうじょう）	将	Lieutenant General	Generalleutnant
		少将（しょうしょう）	将補	Major General	Generalmajor
執行役員		准将（じゅんしょう）※	—	Brigadier	—
部長	佐官	大佐（たいさ）	1佐	Colonel	Oberst
次長		中佐（ちゅうさ）	2佐	Lieutenant Colonel	Oberstleutnant
課長		少佐（しょうさ）	3佐	Major	Major
係長	尉官	大尉（たいい）	1尉	Captain	Hauptmann
主任		中尉（ちゅうい）	2尉	Lieutenant	Oberleutnant
		少尉（しょうい）	3尉	Second Lieutenant	Leutnant
指導社員	准士官	准尉（じゅんい）	准尉	Warrant Officer	Stabsfeldwebel
	下士官	曹長（そうちょう）	曹長	Staff Sergeant	Hauptfeldwebel
		軍曹（ぐんそう）	1曹、2曹	Sergeant	Feldwebel
		伍長（ごちょう）	3曹	—	Unterfeldwebel
一般社員	兵卒	兵長（へいちょう）	士長	Corporal	Obergefreiter
		上等兵（じょうとうへい）	1士	Lance Corporal	Gefreiter
		一等兵（いっとうへい）	2士	Private(Class1-3)	Oberschütze
社員試用		二等兵（にとうへい）	—	Private Class4	Schütze

※日本軍にはなかった階級

表 2：軍隊の編成の目安

指揮官	階級	部下の人数	
分隊長	下士官（主に軍曹）	分隊	約10人
小隊長	中尉～曹長（主に少尉）	小隊	約50人
中隊長	少佐～中尉（主に大尉）	中隊	約200人
大隊長	中佐～少佐（主に少佐）	大隊	約500人
連隊長	大佐～中佐（主に大佐）	連隊	約2000人
旅団長	少将～准将（主に准将）	旅団	約5000人
師団長	中将～少将	師団	約1万～2万人
軍団長	元帥～中将（主に大将）	軍団	数万人
軍司令官	元帥～大将	軍	約10万人
方面軍、軍集団司令官	元帥～大将	方面軍、軍集団	数十万～100万人前後

編成や人数、指揮官の階級は、国により時代によりかなり異なるので、あくまでも目安とする。

戦争と軍服の歴史・関連年表

前3000年頃	シュメール軍人がスカート、マントと統一的な装備で描かれる
前492～前449	ペルシャ戦争。古代ギリシャ兵士は重装歩兵、ペルシャ兵は長ズボンを着用
前334～前323	アレクサンドロス大王の東征。装備品の支給が確立
前27	ローマ帝政開始。この時期、ローマ軍が常備制に。装備の標準化が進み、ローリーカ・セグメンタータ甲冑、軍用サンダルのカリガ、ネクタイの元祖フォーカーレ、従軍記章パレラエなどが広まる
258頃	パリでサン・ドニが殉教
395	ローマ帝国が東西分裂
476	西ローマ帝国滅亡
1096～1270	十字軍の時代。この時期、騎士修道会が紋章制定。勲章制度の原型となる
1185	壇ノ浦で平家滅亡し鎌倉幕府成立
1206	チンギス・ハンがモンゴル帝国大ハンに即位
1299	オスマン帝国建国
1337～1453	百年戦争。英国（イングランド）とフランスが戦う。
1348	エドワード3世がガーター勲章制定。初の近代的な勲章。この時期、黒太子エドワード活躍。新式甲冑プレート・アーマー登場。紳士用の上着としてダブレットが普及
1389	コソボの戦い。セルビアなどの連合軍がオスマン軍に敗北
15世紀	聖職者や学生にツバのない帽子が流行。後の官帽子の起源
1453	オスマン軍がコンスタンチノープル占領。東ローマ帝国滅亡
1477	ナンシーの戦いでブルゴーニュ公シャルルがスイス傭兵に敗北。この後スラッシュ・ファッションが全欧州で流行
1525	ドイツ騎士団解体。プロイセン公国成立
1527	クロアチアの一部がオーストリアの支配下に入る
1529	オスマン軍がウィーン包囲
1541	オスマン帝国がハンガリー併合
1568～1648	八十年戦争。オランダでマウリッツ・ファン・オラニエの軍制改革
1603	徳川幕府成立
1618～48	三十年戦争。ドイツで戦乱が続く
1625	スウェーデン王グスタヴ2世アドルフが近代的な軍服制定
1632	リュツェンの戦い。グスタヴ2世アドルフ戦死
1633	クロアチア傭兵がフランス軍に義勇兵として参加。クラバット普及の契機となる
1642～49	清教徒革命
1645	クロムウェルのニューモデル・アーミーが赤い制服を採用。国家色の先駆け
1660	英国で王政復古

- **1661** ルイ14世の親政開始。ほぼ同時にフランス軍の制服改正
- **1666** チャールズ2世が宮廷の服装改革。ジュストコールが紳士の標準服に
- **1669** フランス海軍が士官用の制服制定。世界初の海軍軍服
- **1683** オスマン軍による第2次ウィーン包囲。ポーランド有翼騎兵が活躍
- **1692** ステーンケルケの戦い。同年、フランス軍にハンガリー軽騎兵ユサール参加。肋骨服が欧州で普及する
- **1701** プロイセン王国建国。この前の時期に軍服の色を青とする。この時期、三角帽が全欧州で普及
- **1702頃** ロシアのピョートル大帝が緑色の軍服を近衛連隊で採用
- **1740** プロイセンのフリードリヒ2世（大王）が即位。翌年、モルヴィッツの戦い
- **1740** マリア・テレジアがオーストリア大公に即位。白い軍服を正式採用
- **1748** 英海軍のアンソン提督が士官の制服制定
- **1759** フランス軍で正肩章（エポレット）を階級章として使用開始
- **1775～83** アメリカ独立戦争。79年にワシントンがプロイセン風の青い軍服を採用
- **1785** ポーランド軍の槍騎兵ウーランが新型制服を採用
- **1789～99** フランス革命。三角帽に代わって二角帽が普及する
- **1795** ポーランド王国滅亡
- **1796** アルコレの戦いでナポレオンが頭角を現す
- **1799** ナポレオンが第一執政に就任
- **1799～1815** ナポレオン戦争
- **1801** フランス軍がシャコー（筒型帽）採用
- **1802** ナポレオンがレジョン・ドヌール勲章制定
- **1804** ナポレオンがフランス皇帝に即位
- **1805** トラファルガー海戦でネルソン提督戦死
- **1806** プロイセンのルイーゼ王妃が初の女性用軍服を着用。同軍が将官飾緒を導入
- **1811** 英陸軍が将官飾緒を採用し、将官の正肩章を廃止
- **1813** プロイセンで国民軍ラントヴェーアがシルムミュッツェ（官帽子）採用。鉄十字勲章制定。ブルーチャー（外羽根式）の靴の使用始まる
- **1815** ワーテルローの戦い。若きラグラン男爵がウェリントン公の副官として負傷
- **1830** フランスで七月革命。ルイ・フィリップ王が即位。フランス軍に赤ズボンが定着する契機となる
- **1837** ヴィクトリア女王の視察時に英海軍軍艦（フリゲート）「ブレザー」で乗員の制服制定（1845年とも）
- **1848頃** 在インド英軍でカーキ色の軍服を採用。世界初の保護色を意識した軍服
- **1853～56** クリミア戦争。英軍司令官はラグラン男爵。54年のバラクラーバの戦いでカーディガン伯が負傷。55年のセバストポリ攻防戦でフランス軍ズアーヴ兵が活躍する
- **1853** アメリカのマシュー・C・ペリー代将の率いる黒船が日本に来航
- **1857** 英海軍が水兵にセーラー服を支給開始
- **1861～65** アメリカ南北戦争
- **1866** プロイセン軍が組みヒモを用いた略式肩章、勲章の略綬を採用
- **1868～69** 戊辰戦争

1870~71	普仏戦争。フランスが完敗しナポレオン3世が退位。ドイツ帝国成立
1870	日本海軍が服制を定める。同時に陸軍服制を定め、翌年御親兵の軍服とする
1873	徴兵制の日本陸軍のために服制を改める
1877	西南戦争で西郷隆盛が戦死
1879	ズールー戦争で英軍が苦戦する
1898	米西戦争。米陸軍がフィリピンでチノーズ軍服を使用。米海軍がTシャツを採用
1899~1902	ボーア戦争。この戦争で英軍がカーキ色軍服を正式に使用
1902	英陸軍がカーキ色軍服を全軍で制式化
1904~05	日露戦争。05年に日本軍がカーキ色の戦時服導入
1907	ドイツ軍がフェルトグラウ（緑灰色）の軍服採用
1914~18	第1次世界大戦。開戦と同時に英陸軍が将校用の「背広型軍服」採用
1915	英陸軍がM1915ヘルメット・マークI導入
1920	日本の女学校がセーラー服を通学服として導入
1930	日本陸軍が昭五式軍衣を制式化。米陸軍がネクタイ採用。
1931	米陸軍航空隊がA−2フライト・ジャケット採用。ジッパー普及の契機となる
1932	ナチス親衛隊が黒服制定
1933	ヒトラーのナチス政権樹立
1934	ドイツ陸軍が戦車兵用の特別被服を制定
1936	ナチス武装親衛隊が迷彩スモック開発。ドイツ陸軍のM1936軍服が制式化
1937	英陸軍で世界初の戦闘服であるバトルドレスを導入
1938	日本陸軍が九八式軍衣を制定
1939~45	第2次世界大戦。40年に米陸軍がM41パーソンズ・ジャケット開発。43年、ソ連軍が帝政時代風の軍服に復古。43年、米陸軍がM43ジャケットを、日本陸軍が三式軍衣を制式化。44年に米陸軍がM44アイク・ジャケットを採用
1950~53	朝鮮戦争。51年に米陸軍がM51ジャケット、M51パーカを採用
1954	米陸軍がグリーン・サービス・ユニフォームGSUを採用。米空軍がMA−1フライト・ジャケット採用。
1954~75	ベトナム戦争。65年にM65ジャケットを採用
1991	湾岸戦争。81年に採用のバトル・ドレス・ユニフォームBDUが有名になる。同年、陸上自衛隊が91式常装を支給開始
1992	ロシア陸軍が緑色の軍服に回帰
2003	イラク戦争
2005	米軍が新素材のアーミー・コンバット・ユニフォームACUを支給開始
2007	中国人民解放軍が新型制服の支給開始
2007	米陸軍がアーミー・サービス・ユニフォームASUを制式化
2017	自衛隊が新型の特別儀じょう服を導入
2018	陸上自衛隊が16式常装を支給開始
2019	米陸軍がアーミー・グリーン・ユニフォームAGUを制式化

主要参考文献

※ページ数の関係で不本意ながら半分以下に省略した。

・『自衛隊法施行規則』(昭和29年総理府令第40号、平成31年防衛省令第6号による改正)
・アンダーソン・ブラック、J、ガーラント、マッジ 山内沙織訳『ファッションの歴史』(1985年、PARCO出版)
・エイミス、ハーディ 森秀樹訳『ハーディ・エイミスのイギリスの紳士服』(1997年、大修館書店)
・キャッチャー、フィリップ 斎藤元彦訳『南北戦争の南軍』(2001年、新紀元社)
・キャッチャー、フィリップ 斎藤元彦訳『南北戦争の北軍』(2001年、新紀元社)
・ゴールズワーシー、エイドリアン 池田裕、古畑正富、池田太郎訳『古代ローマ軍団大百科』(2005年、東洋書林)
・柴田鉦三郎『軍服変遷史』(1965年、学陽書房)
・シャルトラン、ルネ 稲葉義明訳『ルイ14世の軍隊』(2000年、新紀元社)
・ダーマン、ピーター 三島瑞穂監訳 北島護訳『第2次大戦各国軍装全ガイド』(1999年、並木書房)
・辻元よしふみ、辻元玲子『軍装・服飾史カラー図鑑』(2016年、イカロス出版)
・辻元よしふみ、辻元玲子『図説 軍服の歴史5000年』(2012年、彩流社)
・ド・ラガルド、ジャン 石井元章監訳 後藤修一、北島護訳『第2次大戦ドイツ軍装ガイド』(2008年、並木書房)
・中西立太『日本の軍装 1930～1945』(1991年、大日本絵画)
・中西立太『日本の軍装 幕末から日露戦争』(2006年、大日本絵画)
・バーソープ、マイケル 堀和子訳『ウェリントンの将軍たち』(2001年、新紀元社)
・ピーコック、ジョン バベル・インターナショナル訳『西洋コスチューム大全』(1994年、グラフィック社)
・ブカーリ、エミール 佐藤俊之訳『ナポレオンの軽騎兵』(2001年、新紀元社)
・ブカーリ、エミール 小牧大介訳『ナポレオンの元帥たち』(2001年、新紀元社)
・ブレジンスキー、リチャード 小林純子訳『グスタヴ・アドルフの歩兵』(2001年、新紀元社)
・ヘイソーンスウェイト、フィリップ 稲葉義明訳『フリードリヒ大王の歩兵』(2001年、新紀元社)
・ペイン、ブランシュ 古賀敬子訳『ファッションの歴史』(2006年、八坂書房)
・三浦權利『図説 西洋甲冑武器事典』(2000年、柏書房)
・ミラー、ダグラス 須田武郎訳『戦場のスイス兵』(2001年、新紀元社)
・柳生悦子『日本海軍軍装図鑑』(2003年、並木書房)
・山下英一郎『制服の帝国』(2010年、彩流社)
・ルスロ、リュシアン 辻元よしふみ、辻元玲子監修翻訳『華麗なるナポレオン軍の軍服』(2014年、マール社)
・Bahra,Hanne, 'Königin Luise:Von der Provinzprinzessin zum preußischen Mythos', München:Bucher 2010
・Brzezinski,Richard, 'Polish Winged Hussar 1576-1775',Osprey 2006
・Brighton,Terry, 'Hell Riders: The True Story of the Charge of the Light Brigade',Henry Holt and Co.2004
・Brockett,L.P., 'Our Great Captains: Grant, Sherman, Thomas, Sheridan and Farragut (1865)',Kessinger Publishing 2010
・Chappell,Mike, 'The British Army in World War I(1):The Western Front 1914-16',Osprey 2003
・Creasy,Edward, Shepherd, 'The Fifteen Decisive Battles of the World: From Marathon to Waterloo',Dover Publications 2008
・Crossland,Alice Marie, 'Wellington's Dearest Georgy: The Life and Loves of Lady Georgiana Lennox',Uniform Press 2017
・Crowdy,Terry, 'French Revolutionary Infantry 1789-1802',Osprey 2004
・Daniel,Gabriel, 'Histoire de la milice françoise.(Éd.1721)',Hachette Livre BNF 2012
・Doran,John., 'Miscellaneous Works, Volume I: Habits and Men,Redfield 1857
・Fremont-Barnes,Gregory., 'Nelson's Officers and Midshipmen',Osprey 2009
・Grant,Ulysses S, 'Personal Memoirs of U.S. Grant',C.L. Webster & Co.1885
・Henning Herzeleide, 'Bibliographie Friedrich der Grosse 1786-1986',De Gruyter 1988
・Herr, Ulrich Nguyen, Jens, 'The German Generals as well the War Ministries and General Staffs from 1871 to 1914 :Uniforms and Equipment',Verlag Militaria 2012
・Hoppe,Israel, 'Geschichte des ersten schwedisch-polnischen Krieges in Preussen',Duncker & Humblot 1887
・Jung,Peter, 'The Austro-Hungarian Forces in World War I(2) :1916-18 ' Osprey 2003
・Koser,Reinhold, 'Katte, Hans Hermann von. ',Allgemeine Deutsche Biographie . Band 15, Duncker & Humblot, 1882
・Schilling Diebold , 'Die Luzerner Chronik des Diebold Schilling: Acht Motive aus der Geschichte Alt-Luzerns 1513 ', Faksimile-Verlag 1977
・Solka,Michael, 'German Armies 1870-71(1): Prussia',Osprey 2004
・Spring,Laurence., 'Russian Grenadiers and Infantry 1799-1815',Osprey 2002
・Thorndike,Rachel , Sherman, 'The Sherman letters',Biblio Life 2009
・Tuchman ,Barbara W, 'The Guns of August',Presidio Press 2004
・Vincent,Edgar, 'Nelson: Love and Fame',Yale University Press 2004
・Dyck,Ludwig Heinrich., "The 1683 Relief Battle of Vienna: Islam at Vienna's Gates", Military Heritage Oct.2002s
・Myers,Meghann., "Is This the Rollout Plan for the 'Pinks and Greens'? The Army Says Nothing Is Final",Army Times May 14, 2018

辻元玲子イラスト一覧

※は本作のための描き下ろしイラスト

注記：「修親」は陸上自衛隊幹部の親睦団体の会報。
「Always」は警備会社ＡＬＳＯＫの季刊誌。
いずれも外部非売。

1−1：※　男性用は初出「修親」２０１８年８月号
1−2−1〜3：※　妊婦服は初出「修親」２０１８年9月号
1−3：初出『軍装・服飾史カラー図鑑』２０１６年
1−4：※
1−5：※
1−9：※
1−12：※
1−15：初出「修親」２０１８年10月号
1−16：※
1−17：初出『軍装・服飾史カラー図鑑』２０１６年
1−18：※
1−19：初出『軍装・服飾史カラー図鑑』２０１６年
1−20：初出『軍装・服飾史カラー図鑑』２０１６年
1−21：※
1−22：※
1−23：※
1−25：初出『軍装・服飾史カラー図鑑』２０１６年
1−28：※
2−1：初出「服飾文化学会講演会　軍服　その歴史とイラストレーション」資料　於　東京家政大学　２０１７年
2−2：※
2−3：初出『軍装・服飾史カラー図鑑』２０１６年
2−4−1：初出「Always」No.66　２０２０年春号
2−4−2：※
2−6：※
2−7：※
2−8：初出『軍装・服飾史カラー図鑑』２０１６年
3−1：初出「服飾文化学会講演会資料」２０１７年
3−2：初出「服飾文化学会講演会資料」２０１７年
4−3：初出『軍装・服飾史カラー図鑑』２０１６年
4−4：初出『軍装・服飾史カラー図鑑』２０１６年
4−5：初出『軍装・服飾史カラー図鑑』２０１６年
4−6：※
4−8：初出『軍装・服飾史カラー図鑑』２０１６年
5−5：※
5−6：※
5−9：初出「Always」No.64　２０１９年秋号
5−11：初出『軍装・服飾史カラー図鑑』２０１６年
6−2：※
6−3：※
6−9：初出「修親」２０１８年８月号
6−24：初出『軍装・服飾史カラー図鑑』２０１６年
6−25：※
7−5：初出『軍装・服飾史カラー図鑑』２０１６年
7−8−2：初出「Always」No.67　２０２０年夏号
7−13：※
7−14：初出「服飾文化学会講演会資料」２０１７年
7−15：※
7−16：※
7−17：※
7−18：※
7−19：※
7−20：初出『軍装・服飾史カラー図鑑』２０１６年
7−21：初出「服飾文化学会講演会資料」２０１７年
7−22：初出「服飾文化学会講演会資料」２０１７年
7−24：初出『軍装・服飾史カラー図鑑』２０１６年
8−1：初出『軍装・服飾史カラー図鑑』２０１６年
8−10：※
9−4：初出『軍装・服飾史カラー図鑑』２０１６年
9−6：初出『軍装・服飾史カラー図鑑』２０１６年
9−10：初出「Always」No.65　２０１９年冬号
9−16：初出『図説　軍服の歴史５０００年』２０１２年
9−23：※
10−3：初出『軍装・服飾史カラー図鑑』２０１６年
10−4：※
10−5：※
10−6：初出『軍装・服飾史カラー図鑑』２０１６年
10−8：初出『軍装・服飾史カラー図鑑』２０１６年
10−12：※
10−15：※
10−16：初出「修親」２０１８年８月号
11−5：初出　陸自需品学校教材資料２０１９年
11−6：初出　陸自需品学校教材資料２０１９年
11−7：初出　陸自需品学校教材資料２０１９年
11−8：初出　陸自需品学校教材資料２０１９年
12−1：※
12−2：初出『図説　軍服の歴史５０００年』２０１２年
12−3：初出『軍装・服飾史カラー図鑑』２０１６年
12−11：初出　陸自需品学校教材資料２０１９年
12−12：初出『軍装・服飾史カラー図鑑』２０１６年
12−13：初出『軍装・服飾史カラー図鑑』２０１６年
12−15：初出『図説　軍服の歴史５０００年』２０１２年
12−16：※
13−5：初出『軍装・服飾史カラー図鑑』２０１６年
13−6：初出『軍装・服飾史カラー図鑑』２０１６年
13−7：※
13−8：初出『軍装・服飾史カラー図鑑』２０１６年
13−12：初出『軍装・服飾史カラー図鑑』２０１６年

13-13：初出　陸自需品学校教材資料２０１９年
13-14：初出『図説 軍服の歴史５０００年』２０１２年
13-15：初出　陸自需品学校教材資料２０１９年
13-16：初出『図説 軍服の歴史５０００年』２０１２年
14-1：初出『図説 軍服の歴史５０００年』２０１２年
14-2：初出『図説 軍服の歴史５０００年』２０１２年
14-3：初出『図説 軍服の歴史５０００年』２０１２年
14-4：初出「修親」２０１８年８月号
14-5：※
14-6：※
14-7：初出　陸自需品学校教材資料２０１９年
14-8：初出　陸自需品学校教材資料２０１９年
14-9：初出　陸自需品学校教材資料２０１９年
14-10：初出　陸自需品学校教材資料２０１９年
14-11：初出　陸自需品学校教材資料２０１９年
14-12：初出　陸自需品学校教材資料２０１９年
14-13：初出「修親」２０１８年８月号
14-14：初出「修親」２０１８年10月号
14-15：初出「修親」２０１８年10月号
14-16-1：初出「修親」２０１８年８月号
14-16-2：初出「修親」２０１８年９月号
14-17：初出『図説 軍服の歴史５０００年』２０１２年
14-18：初出「修親」２０１８年９月号
14-19：初出「修親」２０１８年９月号

辻元玲子画材一覧

辻元玲子はイラスト製作にコンピューター、ＣＧは使いません。今回の使用画材は以下の通りで、すべて手描きの水彩画です。画用紙のサイズはすべてＡ４判です。

- ぺんてる水彩絵の具
- Holbein 透明水彩絵の具
- 筆（メーカーはいろいろ）
- 水彩画用紙（ＢＢケント、コットマン、セヌリエ等）

◉著者略歴

【著】辻元よしふみ（つじもと・よしふみ）
服飾史・軍装史研究家。陸上自衛隊需品学校部外講師。一九六七年岐阜県生まれ。早稲田大学卒業。テレビ番組「美の壺」（NHK BSプレミアム）、「所さんの学校では教えてくれないそこんトコロ！」（テレビ東京系）、「キャスト」（朝日放送テレビ）などに出演。監訳書に『地図とタイムラインで読む第2次世界大戦全史』（河出書房新社）がある。日本文藝家協会、国際服飾学会、服飾文化学会、軍事史学会に所属。

【イラスト】辻元玲子（つじもと・れいこ）
歴史考証復元画家（ヒストリカル・イラストレーター）。陸上自衛隊需品学校部外講師。一九七二年神奈川県生まれ。桐朋学園大学音楽学部演奏学科声楽専攻卒業。日本で数少ないユニフォーモロジー（制服学）と歴史復元画の専門画家で、画家・中西立太の指導を受けた。服飾文化学会会員。

辻元よしふみ、玲子ともに、防衛省の外部有識者を務め、陸上自衛隊の新型制服（16式常装、特別儀じょう服等）制定に関わり、陸上幕僚長感謝状を授与された。共著に『軍装・服飾史カラー図鑑』（イカロス出版）、『図説 軍服の歴史5000年』（彩流社）など。監修・翻訳書に『華麗なるナポレオン軍の軍服』（リュシアン・ルスロ原著、マール社）など。

ふくろうの本

図説 戦争と軍服の歴史

二〇二一年 五 月二〇日初版印刷
二〇二一年 五 月三〇日初版発行

著者……………………辻元よしふみ
イラスト………………辻元玲子
装幀・デザイン………日向麻梨子（オフィスヒューガ）
発行者…………………小野寺優
発行……………………株式会社河出書房新社
〒一五一-〇〇五一
東京都渋谷区千駄ヶ谷二-三二-二
電話 〇三-三四〇四-一二〇一（営業）
〇三-三四〇四-八六一一（編集）
https://www.kawade.co.jp/
印刷……………………大日本印刷株式会社
製本……………………加藤製本株式会社

Printed in Japan
ISBN978-4-309-76300-2